趣味物理学

〔苏〕雅科夫·伊西达洛维奇·别莱利曼 著
陈家录 译

开明出版社

图书在版编目（CIP）数据

趣味物理学 /（苏）雅科夫・伊西达洛维奇・别莱利曼著；陈家录译 . — 北京：开明出版社，2022.8
（开明科普馆）
ISBN 978-7-5131-7471-8

Ⅰ . ①趣… Ⅱ . ①雅… ②陈… Ⅲ . ①物理学—青少年读物 Ⅳ . ① O4-49

中国版本图书馆 CIP 数据核字（2022）第 102061 号

责任编辑：卓玥

书　名：趣味物理学
作　者：[苏] 雅科夫・伊西达洛维奇・别莱利曼
译　者：陈家录
出　版：开明出版社（北京市海淀区西三环北路 25 号青政大厦 6 层）
印　刷：保定市中画美凯印刷有限公司
开　本：880 毫米 ×1230 毫米 1/32
印　张：8.5
字　数：148 千字
版　次：2022 年 8 月第一版
印　次：2022 年 8 月第一次印刷
定　价：39.00 元

PREFACE

序言

原书第十三版

著者序言摘要

就本书而言，著者的初衷在于可以帮助读者“认识他所了解的事物”，而并不在于让读者学习多少新知识。简言之，著者希望努力做到的，是帮助读者更深入地了解物理学方面的基础知识，让读者自觉地掌握这些原理，并且灵活地运用到实践中去。出于这样的期望，著者在书中探讨了各种千奇百怪的话题，伤透脑筋的题目，离奇荒诞的事例，有趣的现象，各种奇思妙想，包括日常生活中的种种现象，以及科幻小说里描写的各种怪异的情形和惊奇的对比。著者认为，后一类题材与本书的目的最相符合，所以就选用得更加广泛：书中选取了儒勒・凡尔纳、威尔斯、马克・吐温等作家的名著和小说片断。这些故事中所描述的种种幻境和实验场景，不仅本身极具趣味性，而且非常适用于做授课的材料，在教授物理学知识方面起到了重要的作用。

著者曾经尽其所能地使本书中的讲解更具趣味性，让每一部分内容都生动形象、引人入胜。因为著者始终立足于这样的一种心理学理论：兴趣是最好的老师，如果对一门学科产生兴趣，就会付出更多的精力和注意，理解起来也就更容易，于是，学习者就会更主动、更积极地去深入了解。

与其他同类书籍相比，这本《趣味物理学》的写法有所不同——它只花了少量篇幅来描述精彩奇妙的物理学实验。与实验专用的书籍材料不同，这本书还有其他的用处。本书的主要目的在于，激发科学想象的活动，让读者的记忆中产生无数关于科学想象活动的联想，指导读者运用科学的思维方式，将物理知识运用于日常生活的方方面面。在编写本书的时候，著者始终坚持遵守一个方向，即列宁所说的话："通俗作家应该引导读者去了解深刻的思想、深刻的学说，他们从最简单的、众所周知的材料出发，用简单易懂的推论或恰当的例子来说明从这些材料得出的主要结论，启发肯动脑筋的读者不断地去思考更深一层的问题。通俗作家并不认为读者是不动脑筋的、不愿意或者不善于动脑筋的，相反，他认为一个不够开展的读者也是非常愿意动脑筋的，他帮助这些读者进行这件重大的和困难的工作，引导他们，帮助他们迈开步子，教会他们独立地继续前进。"（《评〈自由〉杂志》,《列宁全集》第五卷，第 278 页。）

基于众多读者对本书创作历史的浓厚兴趣，在此列出一些相关资料。

这部《趣味物理学》是本书著者庞大的“著作家族”里的第一部作品，诞生于1/4世纪以前。现在，这个“家族”的成员已经达到几十位了。

这部著作得以在群众中广泛流传，足以表明人们对此持有浓厚的兴趣和热情，这就使得著者自感责任重大。《趣味物理学》再版时增补和修订了许多内容，这也体现出著者对本书质量抱着负责严谨的态度。这部书可以说是自它问世以来整整25年的心血和结晶。最近一版的文字内容只保留了原书的一半还不到，而旧的插图更是一幅也没有采用。著者收到一些读者的来信，信中要求书中的内容不要再进行改动，否则他们就得“为了几十页新的内容去买每一个新的版本”。当然，著者自会尽力地不断完善自己的著作，将这种尽职尽责的态度执行到底。因为《趣味物理学》是部科学著作，而并不是艺术创作，即便是被叫作“通俗的”，但这最基本的内容——物理学——本身就不断地有新鲜材料和元素加入，使基础知识更加充实和丰富，所以，本书也必须及时追随科学上的更新，将这些材料完整地添加进去。

另外一点，我又常常听到读者对本书的一些责难，说《趣味物理学》为什么从来不讨论有关最新无线电研究成果、

原子核分裂、现代物理学理论等方面的材料。在这里，我必须向读者朋友们解释清楚：以上这些问题属于另一批著作的研讨内容和任务，《趣味物理学》自有它的方向和目的，所以，这些责难完全只是一种误会。

别莱利曼

1936 年

目录　CONTENTS

CHAPTER 1

CHAPTER 2

CHAPTER 3

CHAPTER 4

CHAPTER 5

CHAPTER 6

CHAPTER 1

第一章

速度和运动

1.1 我们的行动有多快？

一名优秀的田径运动员，1500 米竞赛的正常成绩约为 3 分 35 秒（1500 米竞赛在 1978 年的世界纪录为 3 分 32 秒 2）。一个人的正常步行速度约为每秒 1.5 米，如果我们把这两者做一番比较，经计算就会得出：这名运动员的速度竟然达到了每秒 7 米之多。显而易见，这两个速度是无法进行比较的，因为运动员的速度虽然很快，但只能坚持很短的时间，而步行的人即使每小时只走 5 千米，但却可以连续走上好几个小时。步兵在急行军时，平均速度仅为赛跑者的 1/3；他们以每秒 2 米的速度前行，每小时也只能走 7 千多米的路程，但是，他们却可以走上很远很远的距离，这是赛跑者根本无法完成的。

我们来看一下行动迟缓的动物们，比如蜗牛或乌龟，再拿它们的速度与人的正常步行速度进行一番比较，这才颇

为有趣呢。蜗牛这种生物，着实称得上是“缓慢界”的冠军了：它的速度约为每秒 1.5 毫米，也就是每小时才走 5.4 米——这是人类步行速度的千分之一啊！另一种缓慢动物的典型代表就是乌龟，它的平均速度为每小时 70 米，比蜗牛还快了不少。

与蜗牛和乌龟相比，人类就显得敏捷多了；但是如果同周围其他一些速度并不太快的东西相比，就是另一种说法了。当然，人可以轻易地追赶上平原上流淌下来的河水，倘若稍稍费点力气，也可以赶超中等速度吹过的微风。然而，要想追上以每秒 5 米速度飞行的苍蝇，恐怕就只有在雪地上滑雪橇时才行了。如果要跟一只野兔或一头猎狗较量的话，那么，就算你快马加鞭也无济于事。要想跟老鹰比赛，你就只能坐飞机了。

但是，人类却成了世界上行动速度最快的动物——因为人类发明了机器。

举例来看，水中行进的工具比如苏联带有潜水翼的客轮，它可以达到每小时 60 ~ 70 千米的速度，而陆地上的移动工具则要更快。苏联的客运列车可达到每小时 100 千米的高速。新型轿车吉尔 -111（图 1）可达到每小时 170 千米的速度，而“海鸥”牌轿车的速度可以达到每小时 160 千米。

图 1　吉尔 –111 型轿车

相比较而言，现代飞机的速度要远远超过以上这些数据。我们来看苏联许多民用航线上使用的图 –104（图 2）和图 –114 型客机，它们的平均速度可以达到每小时 800 千米。而与过去的飞机相比，现今的飞机制造业早已突破了之前的技术限制，攻克了旧的难题，实现超越声速（330 米 / 秒，即 1200 千米 / 时）的高速飞行。现在，小型喷气式飞机已经能以每小时 2000 千米的速度飞行了。

图 2　图 –104 型客机

当然，我们人类制造的交通工具还可以达到更快的速度。比如，在大气层边缘地区飞行的人造地球卫星已经达到了每秒 8 千米的速度。至于向太阳系行星飞行的宇宙飞船，它所获得的初始速度就已经超越第二宇宙速度（地球表面，11.2 千米 / 秒）了。

下面我们来看一个速度比较表：

	米 / 秒	千米 / 时		米 / 秒	千米 / 小时
蜗牛	0.0015	0.0054	野兔	18	65
乌龟	0.02	0.07	鹰	24	86
鱼	1	3.5	猎狗	25	90
步行的人	1.4	5	火车	28	100
骑兵常步	1.7	6	小汽车	56	200
骑兵快步	3.5	12.6	赛车（纪录）	174	633
苍蝇	5	18	大型民航飞机	250	900
滑雪的人	5	18	声音（空气中）	330	1200
骑兵快跑	8.5	30	轻型喷气式飞机	550	2000
水翼船	17	60	地球的公转	30 000	108 000

1.2 与时间赛跑

假设在上午 8 点整于符拉迪沃斯托克出发前往莫斯科，那么，到达终点的时间能否仍旧是上午 8 点？这个问题值得我们去探讨一番。答案当然是肯定的。为什么呢？我们只需弄清楚这样一个事实：符拉迪沃斯托克与莫斯科之间有 9 个小时的时差。这也就是说，假设飞机可以用 9 小时从符拉迪沃斯托克抵达莫斯科，那么，它到达终点的时间正好是它起飞的时间。

这两个地点之间的距离约为 9000 千米。那么，要想实现这一假设，飞机就必须保持 9000/9=1000 千米 / 时左右的速度飞行。当然，这个速度对现今的科技水平来说完全不是问题。

那么，要想实现沿着纬线“追赶太阳”（更确切地说，应该是追赶地球），实际上并不需要多快的速度。飞机保持着 450 千米的时速沿着 77 度纬线飞行，这就可以实现在地球自转的同时，每隔一段固定的时间经过某一个固定点。如果飞机以合适的方向航行，那么在这架飞机上的乘客看来，太阳就是永远挂在天空中静止不动的。

想要“追上”绕地旋转的月球也不是什么难事。地球自转速度是月球绕地旋转速度的 29 倍（此处当然不是说线速度，而是说角速度），所以，普通轮船只需保持 25~30 千米 / 时的速度行进，就能在中纬地区“追上”并“超过”月亮。

这一现象在马克·吐温的随笔中也有所体现。从纽约穿越大西洋到达亚速尔群岛，这一路上都是晴空万里的大好天气，甚至于夜晚的天气比白天还要好。据观察，我们发现一个怪异的现象：每个夜晚的同一时刻，月亮都准时地在天空中的同一位置出现。这种现象起初的确让人迷惑不解，但很快我们就解开了谜团：我们的船正以每小时跨越 20 经度的速度驶向东方，这也就是说，我们正与月球保持着同样的前进速度呢。

1.3 千分之一秒

我们早已对人类的计时单位习以为常了，所以，在我们的概念里，千分之一秒基本上就意味着零，对此我们毫无感觉。然而，不久前我们却在日常生活中找到了这一微小计时单位的应用实例。在人类对时间的判断还取决于太阳高度或阴影长短的年代，人们对于一分钟时间的长短尚无概念，也抱着无所谓的态度，而且那时也不可能把时间精确到分钟（图 3）。古时候的人依靠滴漏、日晷、沙漏等工具来计时，完全没有“分钟”的刻度（图 4）。直到 18 世纪初期，指示“分钟”的指针才开始出现在时计面上，到了 19 世纪初，秒针才开始出现。

图 3　依据太阳高度（左图）以及阴影长短（右图）来判断时间

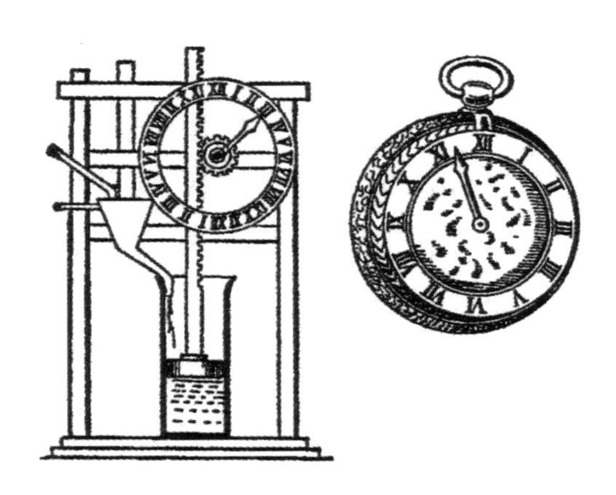

图 4　左图是古代人用的滴漏时计，右图是老式怀表。这两种时计都还没有划分“分钟”的指示

那么，千分之一秒的时间可以用来做些什么呢？当然，可以做很多事情！比如，虽然这一丁点儿的时间只够火车跑 3 厘米远，但声音却可以传播 33 厘米，而超音速飞机可以飞行 50 厘米；地球可以绕太阳转 30 米，而光线则可以传播 300 千米远。

倘若生活在我们周围的微小生物都能够思考，那么，它们对待千分之一秒的态度一定与人类截然不同。许多小昆虫都可以清晰地感受到这一短暂的瞬间。一只蚊子每秒钟会扇动翅膀 500~600 次之多；那么，这千分之一秒的时间就足够它扇动一次翅膀了。

当然，人类不可能做出蚊子那样迅速的动作。“眨眼”

基本上就是我们最快的动作了，这也就相当于“瞬间”的意思。这一动作之快让我们根本察觉不到眼前暂时的黑暗。然而，如果我们用千分之一秒来衡量的话，这个所谓的“非常迅速”就变成“十分缓慢”了。据精确测量，“瞬间”的全部时间平均为0.4秒，也就是400个千分之一秒。它可以被分成以下几个步骤；上眼皮往下垂（75~90个千分之一秒），下垂后保持静止不动（130~170个千分之一秒），上眼皮再抬起来（大约170个千分之一秒）。由此得知，所谓的“瞬间”实际上花了不少时间，而眼皮甚至还能在这期间来个短暂的休息。因此，如果我们能对每个千分之一秒都有所察觉，就可以在眨眼的“瞬间”看到两次眼皮移动以及其间的静止情形，而且还能看到这一瞬间的所有景象。

假设人类的神经系统真的具备这种神奇的构造和功能，那么周围所有的事物一定都会展现出无法想象的惊人画面。作家威尔斯曾在小说《最新加速剂》里生动地描写过这种情形下的惊人场景。小说的主人公喝了一种神奇的药酒，这种酒会对人的神经系统起到某种特殊作用，使人能够看到速度极快的动作。

来看看从小说里摘录下来的几段话：

“在此之前，你见过窗帘像这样牢牢地贴在窗户上面吗？”

我向窗帘看了一眼，它好像冻僵了一般，而且，当微风卷起它的一角时，它就停留在那卷起的一刻，一动也不动。

我说："这多奇怪呀！我从来没见过！"

"那这个呢？"他一面说着，一面将他握着杯子的手指慢慢张开。

我以为杯子马上就要落下去跌成碎片了，结果它却丝毫没有移动，它静止般地悬在半空中。

希伯恩说："你一定清楚，自由下落的物体在第一秒内会下落5米。这只杯子正跑着它的5米路程呢——然而，现在它连百分之一秒都还没跑完；我想你应该明白了，我这个'加速剂'究竟有什么样的神奇功效吧。"

玻璃杯缓慢地坠落下去。希伯恩的手围绕着杯子旋转着……

我把视线投向了窗外。那儿有一个骑自行车的人静止在那里，他正追赶着一辆一动不动的小车，车后面扬起的一片尘土也凝固在半空中……一部僵化的马车吸引了我们的注意力。这辆车的一切几乎都已经完全凝固了——除了车轮上缘、马蹄、鞭子的上端以及正在打哈欠的车夫的下颌——这些都在缓慢地移动着，而车里的人也像雕塑一样立着……一位乘客凝固在想要迎风折起报纸的那一刻，但在我们眼里，这阵风根本就不存在。

……我所说、所想以及所做的这一切，都发生在我的身体渗入“加速剂”之后，而这一切，对别人、乃至于对整个宇宙来说，都只是一瞬间的事。

当今的科学仪器究竟可以测量出多短的时间，读者们一定很乐意知道这一点。在20世纪的开端，科学就已经可以测出1/10 000秒的时间了；现今的物理实验室也已经可以精确到1/100 000 000 000秒。如果将这个时间与一秒钟相比的话，那也就相当于一秒钟与3000年之间的关系！

1.4 时间放大镜

威尔斯在创作《最新加速剂》之时，他一定未曾想过，自己笔下的事情竟然真的可以在未来实现。不过，他的确算是比较幸运的了——他居然还能够活到这一天，用自己的双眼亲眼见证这一刻——即便只是在银幕上见到他当时构想的画面。这种把平日里速度极快的景象在银幕上放慢播放出来，我们通常称之为“时间放大镜”。

实际上，这种“时间放大镜”只是一种不同寻常的电影摄影机。普通的摄影机一秒钟只能拍摄24张照片，而它拍出的照片要多出许多倍。如果将这多倍的照片按普通的每秒

24 帧的速度播放，那么观众所看到的相同的动作就比之前延长了许多，也就是比原先的动作放慢了许多倍。大多数读者应该已经在电影上见到过，比如跳高时放慢的动作姿势，以及其他种种滞延动作。如今，在各种较为复杂的仪器的帮助下，人们已经能够看到威尔斯在小说里所描绘的那种情境了，甚至还能达到更缓慢的程度。

1.5 我们什么时候绕太阳转得更快一些：是在白昼还是在黑夜？

巴黎一家报纸曾刊载过这样一则广告：一个人只需要花费 25 生丁[1]，就能获得一种既经济又舒适的旅行方法。广告登出后不久，果然有些人抱着好奇的心态寄去了 25 生丁，而这些人之后都收到了这样的一封回信：

先生，请您静静地躺在自己的床上，牢记这一点：我们的地球每时每刻都在旋转着。您在 49 纬度——巴黎——每个昼夜都跑了 25 000 千米以上的路程。如果您想要欣赏沿途的美丽风光，那么请打开您的窗户，尽情享受漫天繁星的美妙吧。

[1]　生丁是法国以前的货币单位，一百生丁等于一法郎。

后来，终于有人将这位先生以欺诈罪名告上了法庭。据说，当他听完法院判决、付完所有的罚金后，庄重而绅士地站了起来，像演员一般复述了伽利略的一句话：

但是，不管怎样，它的确是转动着的呀！

从某种意义上来讲，这位先生的话是没错的，因为地球上生活的人类不仅只围绕着地轴旋转，也在跟随地球一起围绕着太阳“旅行”。地球在自转的同时，也以更大的速度载着全体居民以每秒 30 千米的速度在空间里移动。

那么，一个有意思的问题就诞生了：在地球上居住的我们——究竟是在白昼、还是黑夜绕太阳转得更快呢？

这个问题很容易产生歧义。如果地球的这一面是白昼，那另一面必然就会是黑夜，既然如此，这个问题还有什么可探讨的？

但是，这个问题的关键在于，它问的并不是地球在何时转得更快，而是说我们人类——地球上的居民——在太阳系里究竟何时移动得更快。显然，这个问题绝不是毫无意义的。我们在太阳系里做两种不同的运动：一是绕地轴自转，二是绕太阳公转。我们可以将这两种运动相加，但所得到的结果并不是固定不变的——这取决于我们是处在地球的白

昼区，还是处在黑夜区。观察图 5，你就能明白：在午夜时，地球的自转速度和公转速度应当相加，而正午时则相反，公转前进速度应当减去自转速度。由此可见，我们在太阳系中所做的移动，午夜时要比正午时更快。

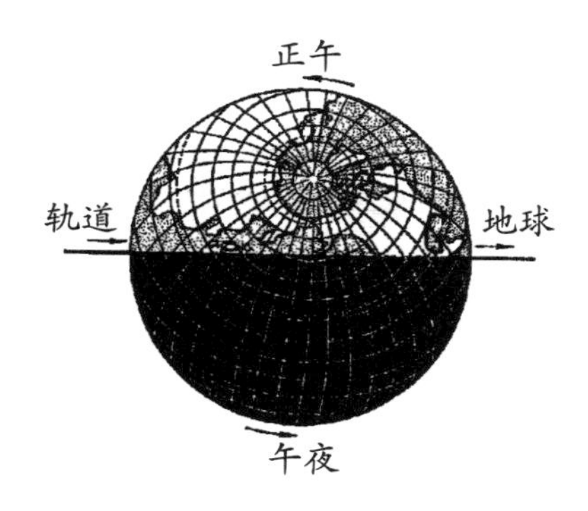

图 5　夜半球上的人所做的绕日移动，要比昼半球上的人更快

地球赤道上的任何一点，大约每一秒都要移动半千米的距离。懂几何学的人都可以算出，在正午和午夜两个时间段，赤道地带每秒的速度差数竟能达到一千米之多，而在北纬 60° 的列宁格勒，两个时段的速度差数仅有一半；也就是说，列宁格勒的居民在正午时每秒所跑的路程，要比午夜里少了半千米之多。

1.6 车轮的谜

我们把一张彩色纸片贴在自行车（或者手车）的车轮上，然后就能在自行车行进时观察到这样一个奇怪的现象；当纸片转到与车轮地面接触的那一段时，可以很清晰地辨别纸片的移动；然而，当它转动到车轮上端时，却迅速地一闪而过，你根本就无法看清楚。

这样来看，似乎车轮的下半部比上半部转动得更慢一些。这种情形几乎随处可见，随便看一下路边行驶的自行车，你就会发现车轮上半部分的轮辐几乎都连成一片，而下半部却根根分明。这又让人肯定了之前的假想，好像车轮下半部的确比上半部旋转得更慢一些。

那么，该如何解释这个奇怪的现象呢？其实道理很简单，之前的假想实际上就是事实——车轮的下半部的确比上半部转动得慢。初看似乎不好理解，但是，只要你将上一节的内容联系起来，就会明白这个道理：车轮上的每一点实际上都在进行着两种运动——绕轴自转，以及与轴同时前进。这就与地球相似，我们应该将两种运动加起来看，就能得出车轮上半部分与下半部分速度不同的结果。车轮上半部的前进运动要加上它的旋转运动，因为这两种运动的方向是一致的；下半部则要从前进运动中减去自转运动，因为两者

旋转方向相反。这也就是我们看到车轮下部比上部转动得更慢的原因。

我们可以用一个简单的实验（图 6）来证实这一点。将一根木棒竖直插在车轮旁边，使车轮轴心与木棒重合，然后，在木棒上标记出轮缘最上端和最下端的两个顶点。现在，轻轻滚动车轮，让轮轴离开木棒一点儿，观察 *A* 点和 *B* 点各自移动的距离长短——很明显，*A* 点比 *B* 点移动的距离更大。

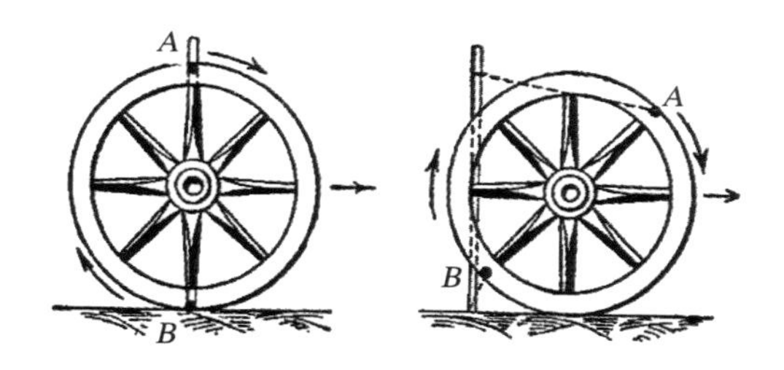

图 6　证明车轮的下半部比上半部移动得更慢，请比较移动后的车轮上 *A* 点与 *B* 点与直立的木棒之间的距离长短（右图）

1.7 车轮上移动最慢的部分

现在我们得知，行驶的车轮上的每一点的移动速度并不相同。那么，在同一个旋转的车轮上，移动最慢的是哪部分呢？

不难想象，最慢的部分显然是与地面接触的那部分上的所有点。严格说来，这部分的各点在接触地面的瞬间，基本上是完全没有移动的。

不过，这里所说的一切，都是相对于向前旋转的车轮来说的，然而，至于在固定的轮轴上旋转的车轮则并不适用于这一点。比如飞轮，它的轮缘上的每一点都是以同一个速度移动的。

1.8 不是开玩笑的问题

接下来还有一个十分有趣的问题：假定一列火车从甲地驶往乙地，那么，这列火车上有没有这样一点，在以铁路为参照物的情况下，正以相反的方向移动着——从乙地往甲地移动呢？

你是不是认为这个题目有些荒唐？但是，事实上这样的点的确存在——在移动的过程中，这列车的车轮每一瞬间都有一个点在做反向移动。那么，它们是哪些点？

你知道，火车的轮缘上有一个向外凸起的边，那么，我要让你知道，火车在前进时，这个凸起边上的最低点并没有随之往前移动，而是在往后移动！

这很奇怪吗？好，让我们来做下面这个实验。找一个

圆形物，硬币、纽扣一类的都可以，用蜡把一根火柴的一部分粘在这个圆形物的直径上，然后在外面留出长长的一截来。接下来，把这个圆形物放在尺子边缘的 *C* 点（图 7），让它从右往左开始滚动，这时你就会发现：火柴上的 *F*、*E*、*D* 点都在向后退，并没有随之向前移动，而离圆形物越远的点，在滚动时后退的距离也就越远（*D* 点移到了 *D′* 点）。

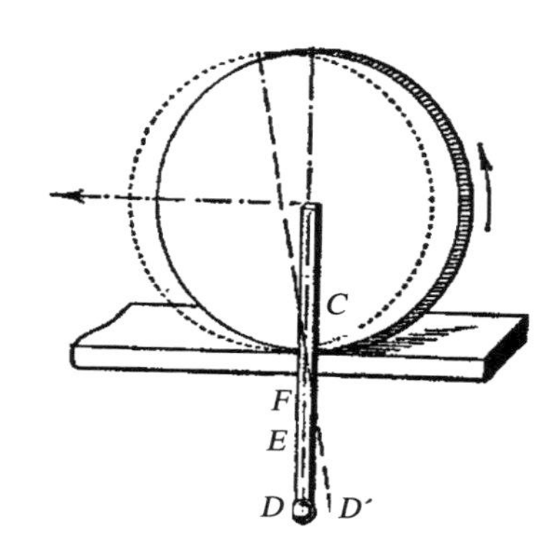

图 7　以硬币和火柴为例的实验。当硬币往左滚动时，火柴露在外面那段的 *F*、*E*、*D* 各点都在朝相反的方向移动

火车车轮凸起边的最低点之所以向右移动，正是这个道理。它与实验中火柴露出的那一截一样，都是在做反向移动。

那么，现在你已经不会再奇怪了，行驶的火车上的确有一些点是在退后而不是向前的。虽然这个反向移动只持续了几分之一秒的时间，但我们也一直没有意识到这种情况的存在，可是，它的确是真实的。下面的图 8 和图 9 则对这一点做了更好的解释。

图 8　火车车轮在往左滚动时，轮缘凸起部分的下端却在往相反方向（右）移动

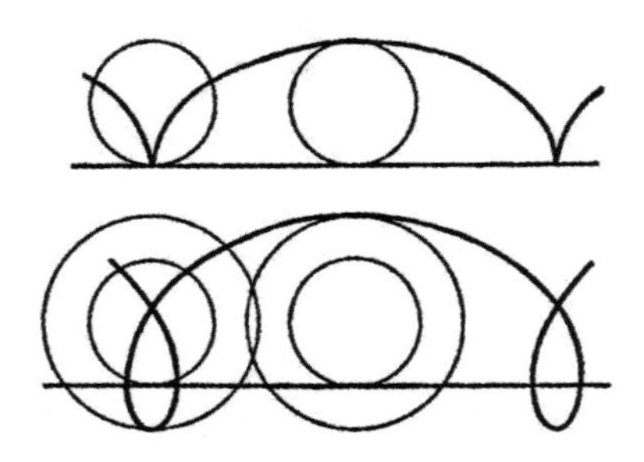

图 9　上图的曲线为滚动的车轮上每一点的移动轨迹（摆线），下图的曲线为车轮凸起部分的每一点的移动轨迹

1.9 帆船从什么方向驶来？

假设湖上有一只正在划行的舢板，同时图 10 里的箭头 a 代表它的划行方向和划行速度；此时，前方有一只从垂直方向驶来的帆船，箭头 b 代表了帆船的方向和速度。这时，如果有人问你，这只帆船从哪个方向驶来，你一定会立即指出岸上的 M 点；而如果你问舢板上的人这个问题，他们一定会得出完全不同的答案来。这是为什么？

图 10　帆船从与舢板垂直的方向驶来。箭头 a、b 表示速度。在舢板乘客看来，帆船的出发点是哪里？

原因就在于，在舢板上的人看来，帆船前进的方向并不与他们的前进方向垂直。因为他们感知不到自身的移动，只会觉得自己是原地静止的，而周围的事物正以与他们相同的速度在反向移动。因此，对他们来说，帆船在沿着箭头 *b* 前进时，也在沿着与舢板相反的虚线箭头 *a* 的方向航行（图 11），结果乘客就会觉得，帆船是沿着以 *a*、*b* 为边的平行四边形的对角线方向移动——将实际运动与视运动按平行四边形定律结合起来的结果。正是由于这一点，舢板上的乘客才认为，帆船是从岸上的 *N* 点而不是 *M* 点出发的，与舢板前进方向相比，*N* 点要更远（图 11）。

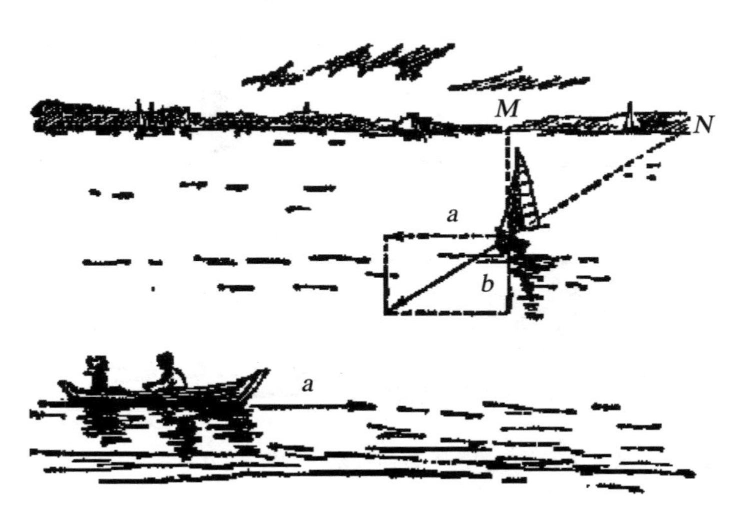

图 11　舢板乘客认为，帆船并不是以跟他们垂直的方向驶来，以为帆船的出发点应该是 *N* 点，而不是 *M* 点

我们跟随着地球的公转而运动着，一旦碰上星体的光线，就会同舢板乘客错误判断帆船位置一样，对各个星体的具体位置做出错误的判断。所以，就我们看来，各星体似乎都处于地球转动方向再往前一些的位置上。不过，与光速相比，地球的移动速度实在是太微不足道了（只为光速的 1/10 000）；所以，我们也很难用肉眼观察到星体的位移，但是通过天文仪器就能够显著地发现这个视位移。这种现象被称为“光行差”。

如果你对这类问题颇有兴趣，那么针对以上关于帆船的情况，请试着回答下面这几道题目：

（1）在帆船上的乘客看来，舢板正在往什么方向划行？

（2）帆船上的乘客认为舢板要去往什么地方？

这两个问题很简单，你只需要在 *a* 线上画出速度的平行四边形就可以了；乘客所认为的舢板行进方向，就是这个平行四边形的对角线，在他们看来，舢板正在向斜前方行驶，似乎正准备靠岸呢。

CHAPTER 2

第二章

重力和重量·杠杆·压力

2.1 请你从椅子上站起来！

如果我对你说："请你在这把椅子上坐下来，我可以肯定，虽然没有人用绳子把你绑在椅子上，你也一定站不起来。"你肯定认为我在胡说八道。

好。那么现在请你按照图 12 的姿势坐下，挺直你的上身，不许向前倾，两只脚的位置也不许改变，然后试试看你能不能站起来。

图 12　如果用这样的姿势坐在椅子上，一定站不起来

怎么样，站不起来吧？不管你怎么用劲，只要不能前倾你的身体或者移动双脚的位置，你就根本站不起来。

要想弄清楚这其中的原因，我们必须先来了解一下物体与人体之间的平衡问题。要想让一个物体保持直立的姿势不倒下，也就是说保持平衡，那么，从物体重心引下的垂直线就不能超出它的底面范围。由此可见，图 13 中的斜圆柱体显然是会向下倒的；但是，如果它的底面积足够大，从重心引下来的垂直线可以穿过底面的范围，那么它就不会倒下去了。最经典的实例就是比萨“斜塔”和阿尔汉格尔斯克的“危楼”（图 14），它们的斜度看起来非常危险，但却并没有倒塌，这正是

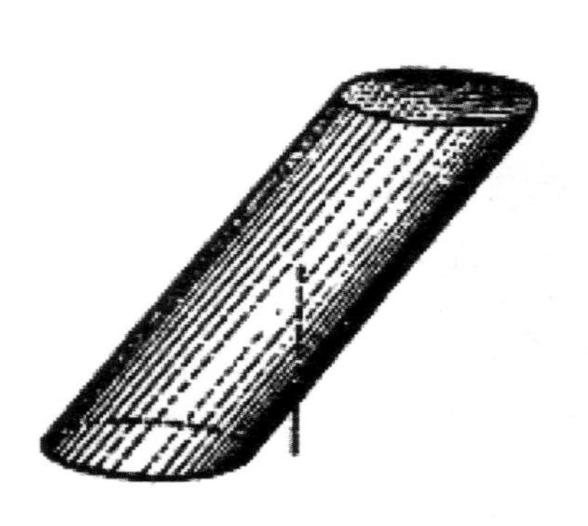
图 13　这种圆柱体一定会倒下去，因为从重心引下的垂直线落在了底面范围之外的地方

图 14　一张古老的阿尔汉格尔斯克“危楼”的图片

因为从它们重心引下的垂直线并没超出底面的范围（当然，这些建筑物的基石都稳固地扎根在地底深处，这也是次要原因）。

人在站立时，只有当身体重心引下的垂直线落于两脚外围所形成的小区域内，才能保持身体的平衡（图 15）。所以，单脚站立就有一定的难度了，而走钢丝则更难了：底面范围太小，身体重心引下的垂直线很容易就超出底面范围。你注意过那些老水手的走路姿势吗？他们大多都摇摇摆摆地走路，因为他们一生都在舰船上颠簸摇晃，以至于身体重心引下的垂直线每秒都有可能越过底面范围；为了保持平衡，他们都习惯性地尽量放大两脚之间的距离，这样他们才能在摇晃的甲板上保持平稳。久而久之，他们这种习惯也就带到陆地上来了。

图 15　你在站立时，从你重心引下的竖直线一定落于两脚外缘所形成的区域以内

在这里，我们也能说出些相反的例子来表明保持平衡可以增加姿势的美观性。你是否曾注意过那些头顶重物走路的人，他们的姿势多么端正多么优雅啊！你也一定见过头顶水壶走路的女人吧！她们的仪态多么优美呀，她们为了保持身

体的平衡，就必须把上身和头部挺得笔直，使身体重心引下的垂直线始终保持在底面范围内，不能出现一点偏斜，否则就很难在头顶重物时保持平衡了。

现在，我们回到方才那个从椅子上站起身的试验上。

坐在椅子上的人，他的身体重心位于身体内侧脊椎骨附近的位置，大约高出肚脐 20 厘米。我们从这一点往下引出一条垂直线，这条垂线一定会穿过椅座，落于两脚后面的地方。而这个人若想要从椅子上站起来，这条直线就必须得穿过两脚之间的区域。

所以，想要从椅子上站起来，我们就得把身体往前倾，或者把双脚向后移。前者是将身体的重心往前移，而后者则是让原先的竖直线落于两脚之间的范围内。平日里我们从椅子上起身时正是这么做的，如果不允许这样做，你可以再试一试，那是无论如何也站不起来的。

2.2 步行和奔跑

通常人们都认为，对于每天自己都要重复千万遍的动作，一定再熟悉不过了。但事实上，这种想法并不全然正确。步行和奔跑就是最好的证明。的确，还有什么动作比这更为我们所熟悉呢？然而，要想找个人来讲解一番，在步行

和奔跑时我们的身体分别是如何移动的，这两者之间究竟有什么样的区别，这恐怕就有些困难了。现在，我们先来看看生理学家对此做何解释，我想这段材料一定会让你觉得新颖有趣。

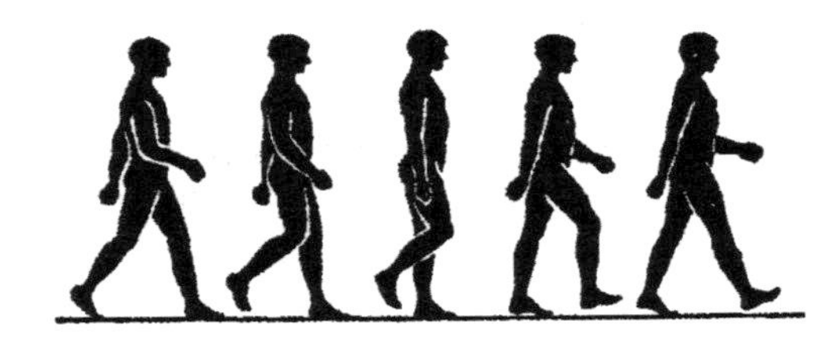

图 16　人在步行时的连续动作

如果一个人单脚站立在平地上，并且假设是用右脚站立。那么，假使现在他抬起脚踵，同时把身体往前倾[1]。这时，他的重心垂直线自然会超出双脚的底面范围，人自然也就会向前倒去；然而，当这个跌倒还没来得及发生时，悬空的左脚就迅速落在了前方的位置，重心垂直线此时也就落在了双脚的底面范围内。因此，身体也就恢复了平衡，人也自然向前迈了一步。

[1]　人在步行时要往前迈开一步，而支点处的压力除了原先的体重以外，大约就要再增加 20 千克。因此，人在步行时对于地面所施的压力要比站立时的压力大。

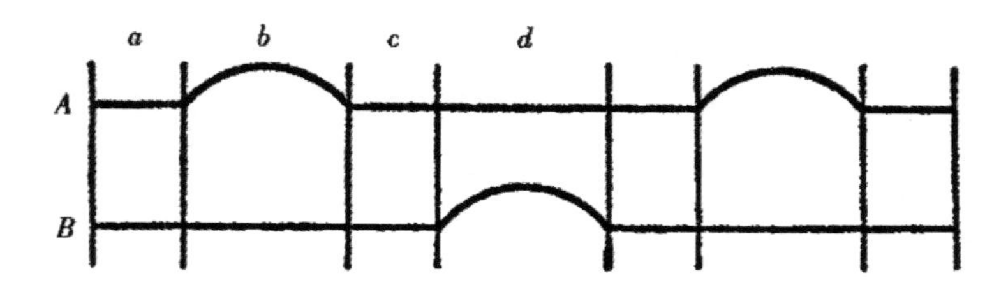

图 17　步行时两脚动作的具体图解。A、B 两条横线分别表示两只脚，竖直线表示脚与地面接触的时间，弧线表示脚离开地面移动的时间。从图中可以看到，时间段 a 中，两只脚都是站立在地上的；在时间段 b 中，A 脚离开了地面，B 脚仍旧还在地上；在时间段 c 中，两脚又同时着地。步行速度越快，a、c 两个时间段就越短（请与图 19 的奔跑图解进行比较）

当然，这个人可以费点力气保持着这样一个动作。但是，倘若他想继续往前走，他就需要继续前倾身体，将重心垂直线移到支点面积以外的地方，同时在跌倒之前迅速伸出另一只脚落在前面，不过现在伸出的是右脚，而不是左脚——他又往前走了一步。就像这样，一步一步向前走去。所以说，步行实际上就是连贯的向前跌倒，只是在跌倒之前，及时地将后面那只脚移到前面来维持身体的平衡而已。

现在，我们来更深一步地看待这个问题。假设已经走出了第一步，这时右脚尚未完全离开地面，而左脚已经接触到了地面。但是，只要这一步迈出的距离不算太小，右脚脚踵就应该离开了地面，因为只有这样，人体才会失去平衡而往前倾跌。

左脚先用脚踵踏向地面，当整个左脚脚掌都踏在地面上时，右脚就悬空了，与此同时，弯曲的左脚也因为大腿骨三头肌的收缩而自然伸直，并且在瞬间直立起来。这时，半弯的右脚就可以抬起来向前迈步，随着身体的摆动，右脚恰好在迈出下一步时落在地面上。

接下来，左脚脚趾先踏向地面，随后立即全部抬起来，循环重演方才那一连串的连续动作。

图 18　人在奔跑时的连续动作（注意：奔跑的过程中会出现双脚同时离地的短暂时间）

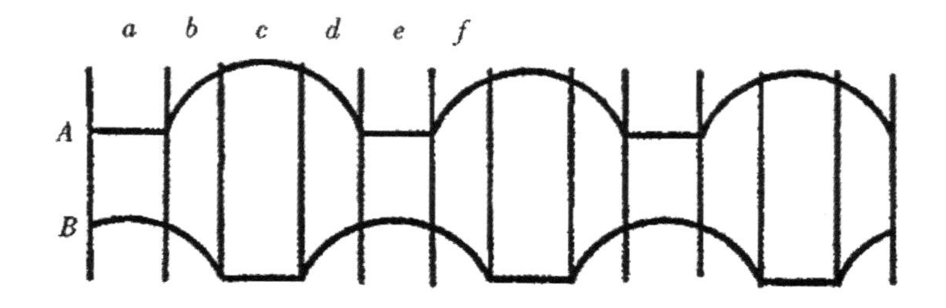

图 19　奔跑时两脚动作的具体图解（请与图 17 进行比较）。从图中可以看到，奔跑时会出现两脚同时离地的短暂时间段（*b*、*d*、*f*）。这就是奔跑与步行的不同之处

与步行相比，奔跑的不同之处就在于：原本站立的那只脚在肌肉的突然收缩下，强劲地将身体反弹起来，使身体瞬间完全离开地面抛向前方。随后身体又重新落回在地上，但此时则是由另一只脚来支撑了，当身体还未落地时，这只脚就已经迅速移到前面了。所以，奔跑是一种两只脚交替飞跃的一连串的连续动作。

实际上，在平路上步行所耗费的能量，并非像过去人们想象的那样几乎为零：每走一步，人的重心就要提高好几厘米。经计算我们可以得出，人在平路上步行所需做的功，相当于把人体提升到所走路程的高度时所做的功的 1/15。

2.3 从行驶的车里跳下来时，要向前跳吗？

无论你问谁这个问题，他们的回答一定都是相同的："惯性定律决定了人应该往前跳。"不妨让他更详细地解释这个道理，你问他：惯性究竟在此起着什么样的作用？可以想象，这位朋友一定会开始滔滔不绝地讲述；但是，很快他就会自己迷惑起来，因为他竟然发现，依据惯性定律，下车时竟然应该往与车行相反的方向跳才对。

的确如此，在这个问题上，最主要的原因其实并不在于惯性定律。如果我们忽略了主要原因，而只看到惯性这一

次要作用，那我们果真就会以为应该是向后跳，而不是向前跳。

假设你必须从行驶的车里跳下来，会发生什么状况呢？

当我们从行驶的车里往下跳时，身体虽然已经离开了车厢，但在惯性的作用下，仍旧还保持着车辆的速度继续前进。由此看来，我们在往前跳时，这个前行的速度不仅没有消除，反而还加大了。

单就这一点而言，我们就绝不应该朝着车行的方向往下跳，而应该是往相反的方向跳。如果我们向后跳，这时的速度就与惯性作用于身体的前行速度方向相反，这就会抵消一部分的惯性速度，而我们的身体也就会以较小的力量和作用接触地面。

从现实上来讲，每个人从车里往下跳时，几乎都是面向车行方向的。当然，多少次经验证明，这的确也是最好的方法；也就因为这一点，我们再次劝告读者，如果万不得已需要跳车，那么千万不要尝试向后跳。

这就使人迷惑了，到底是为什么呢？

方才那套解释之所以与事实有所出入，问题就在于，这一解释并不全面，事实上它只讲了一半。无论我们是面朝前面还是后面，跳车的时候都一定会有跌倒的危险，因为我们的双脚在落地时已经停止前进了，而身体却还在继续前

进[1]。当你朝前跳时，身体前进的速度必然要比往后跳的速度大，但往前跳仍然要更为安全。因为往前跳时，我们会习惯性地往前迈出一只脚（如果车辆速度很快，还能向前跑几步），这就可以防止跌倒。这一动作出自于我们的生理习惯，因为步行时我们一直做着这样的动作：这一点在上一节中已经做了解释，从力学角度来看，步行其实就是向前跌倒的连贯动作，只不过是用迈出一步来阻止身体倒下去罢了。如果向后跌倒，那迈出一步的办法就起不到任何作用，真正跌倒的危险就增加了。最后，更为重要的一点在于，即便我们真的往前跌倒了，那至少我们还可以用双手撑住地面，以减少受伤的程度。

由此可见，往前跳固然更为安全，但与其说是因为惯性的结果，不如说是我们自身的作用。当然，这一规则只适用于活的生物：如果你从车里往前扔一个瓶子，那么瓶子落地时肯定比往后抛要碎得更厉害。所以，如果你不得不从行驶的车里跳下去，还必须先把行李也扔出去，那就应该先把行李丢到后面，然后整个人再往前方跳。当然，最好不要让跳车这种事发生。

[1] 我们也可以从另一个观点来解释这种情况下的跌倒。（见本书著者的《趣味力学》第三章“什么时候‘水平’线不水平？”一节。）

电车上的查票员或售票员——这些有经验的人往往会面朝着车行的方向往后跳。这种方法可谓一举两得：不仅减少了惯性作用于我们身体的速度，同时还避免发生仰跌的危险，因为人的身体在跳车时是与车行方向保持一致的。

2.4 顺手抓住一颗子弹

据报载，在第一次世界大战期间，法国一位飞行员遇到了一件极不寻常的稀奇事。这位飞行员正飞行于2000米的高空，突然发觉脸旁似乎有个什么东西。他原本以为是昆虫一类的小玩意，就随手一抓，把它握在手心里。然而，接下来这位法国飞行员诧异地发现——他手里抓到的竟然是一颗德国子弹！

关于敏豪生伯爵[1]的故事你听说过吗？这位法国飞行员的遭遇与他太像了——据说他也曾用双手抓住了飞行中的炮弹！

当然，这位飞行员的遭遇并不是不可能发生的事。为什么呢？

因为，一颗子弹飞行的初速度约为每秒800~900米，但

[1] 敏豪生伯爵是德国著名故事《敏豪生奇遇记》里的主人公。

是，由于空气阻力的原因，这个速度会在飞行过程中逐渐减慢，而当它即将跌落时的速度仅为每秒 40 米，就连普通飞机也可以达到这一速度。因此，当飞机与子弹的速度和方向都保持一致时，这种情形就可能出现了：此时，相对于飞行员来说，子弹是静止不动的，或者只是有轻微的移动，那么抓住它就十分容易了——尤其是当飞行员还戴着手套时——子弹在飞行中与空气的摩擦会导致它达到近 100℃的高温。

2.5 西瓜炮弹

在特定的条件下，一颗子弹可以变得不具一丁点儿危害性，那么，与之相反的情况也极有可能发生：一个“平和”的物体以较小的速度飞行，竟引发了十分惨重的后果。1924 年有一场汽车竞赛，农民们看到一路上飞驰而来的汽车兴奋不已，纷纷向他们抛掷出西瓜、苹果等表示祝贺。然而，这些好心的礼物却引发了一连串的恶性后果：西瓜砸凹了车身，苹果砸伤了车里的人，许多人严重受伤。原因很简单：汽车自身的速度再加上西瓜苹果抛出的速度，这就让这些水果变成了极具危险性和破坏力的武器。经计算可以得知，一颗 10 克的子弹在发射出去后所具有的能量，与一个向每小时 120 千米行驶的汽车扔去的 4 千克重的西瓜不相上下。

图 20 向疾速飞驶的车辆投掷出的西瓜，会变成“西瓜炮弹”

不过，西瓜自然无法同子弹的破坏功力相媲美，毕竟西瓜没有子弹那么坚硬。

一旦实现在高空大气层（即平流层）的高速飞行，飞机就能够达到 3000 千米 / 时的速度，而当它可以与子弹同速时，飞行员就有机会遭遇方才那种情形了。在这架飞机的航线上，任何一个靠近过来的物体，都极有可能变成毁灭这架飞机的罪魁祸首。一旦它碰上从另一架飞机上偶然跌落下来的子弹（即便不是迎面而来的），也就无异于被机枪击中：这颗子弹碰到这架飞机时的力量，与从机枪里射出时的力量一样。显而易见，这颗跌落的子弹与飞机的相对速度相等（都接近于每秒 800 米），因此接触时所产生的破坏性也一样大。

反之，倘若一颗射出的子弹从飞机后方而来，与飞机以

同样的速度前进，那么对飞行员就没有什么实质上的伤害了。当两个物体以同等速度同向前进，接触时就不会发生激烈的撞击。1935 年，有一名司机就十分机敏地运用了这一道理，从而避免了一桩惨剧的发生：他在驾驶列车时，前方有另一列列车在行进；前面的列车牵引着一部分车厢抵达前方车站，最终因为蒸汽不足而停了下来，将剩下 36 节车厢留在了铁路上。但这截车厢的车轮后并没放置阻滑木，因此竟以 15 千米 / 时的速度沿着倾斜的轨道向后滑去，朝着他的列车撞过来。这位司机即刻意识到了事情的严重性，迅速停下了自己的列车，并慢慢把列车增加到同样的速度向后退去。正是因为这一机智的做法，最终前面那 36 节车厢平安地承接在他的列车前面。

依据同一理论，人们造出了便于在颠簸的火车上写字的装置。之前，由于车轮与路轨间接合时产生的振动并不能同时传到纸笔之上，因此在行进的火车上写字就很困难。如果我们能使纸笔也同样做这种振动，那它们就处于相对静止的状态，这样在颠簸行进的火车上写字就没有什么困难了。

图 21 所示的装备可以让笔尖和纸张同时接受振动。握着钢笔的右手被固定在木板 *a* 上，木板 *a* 可以在木板 *b* 的槽里来回移动，木板 *b* 则可以放置在列车座位上的木座槽里。

从这里我们看到，手可以十分灵活地一字一句写下去，因为木座上纸张接收的振动会同时传递到笔尖，使你在行进的火车上写字同静止时写字一样方便。不过，你的眼睛可能会不适应纸上不断跳动的字迹，因为你的头部与右手所接收的振动并不在同一时刻。

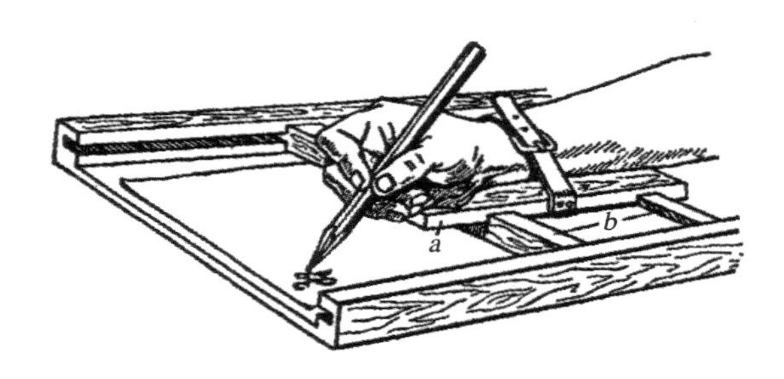

图 21　便于人在行驶的火车上写字的装置

2.6 在台秤上称体重

当你站在台秤上称体重时，要想得到正确的数据，就必须笔直地站在台秤的平面上，一动也不要动。如果你弯了一下腰，好，这弯腰的一瞬间你就会发现，台秤的指数减少了。这是为什么？原因就在于当你的上身向下弯曲时，肌肉就会将你的下身往上提升，而台秤受到的支点压力就会减轻。相反，当你直起上身时，肌肉又会增加你对平台所施加

的压力，台秤指数就会增加。

倘若这架台秤十分灵敏，那么即便你只是举了一下手，台秤平面所受到的压力也会增加，因为使你抬起手臂的肌肉是依附在肩上的，一举手，你的肩头及整个人就会向下施压。现在，如果你将举起的手停在半空中，你的身体就会发动相反的肌肉，向上提升你的肩头，这样的话，人体施加给台秤的压力就会随之减少了。

相反，放下手臂也会减少台秤指示的数值，当手臂停稳了之后，数据又会略有增加。

2.7 物体在什么地方更重一些?

随着一个物体离地面距离的不断提升，地球施与它的引力（地球引力）就会随之减少。如果我们将一千克重的砝码提升到离地 6400 千米的地方（就是离地球中心距离相当于地球半径的两倍远），那么这个砝码所受的地球引力也会减少到 1/4，如果在那儿用弹簧秤来测量它的重量，就会发现它从原本的 1000 克变成 250 克了。依据万有引力定律，地球的全部质量都集中于地心（地球中心），而它对一切物体的吸引力与距离的平方成反比。以上这些例子中，砝码与地心的距离已经是地面到地心距离的 2 倍，引力也就要减至原

来的 $1/2^2$，就是 1/4。倘若砝码离地心距离是地球半径的 3 倍，即 12 800 千米，引力则要减至原来的 $1/3^2$，就是 1/9；那么以此类推，1000 克的砝码也就变得只剩下 111 克了。

由此看来，人们很容易就会认为，离地心越近的物体受到的引力就越大；一个砝码如果是在地下越深的地方，也就会越重。显然，这一论断是错误的，物体在地下越深，重量不仅没有加大，反而更小了。对这种现象的解释是这样的：深入地下的地方，物体受到地球的引力不仅仅取决于物体这一方面，同时还会受到上方微粒的向上吸引力。图 22 明确地告诉我们，深入地下的砝码除了受到地球物质微粒的向下吸

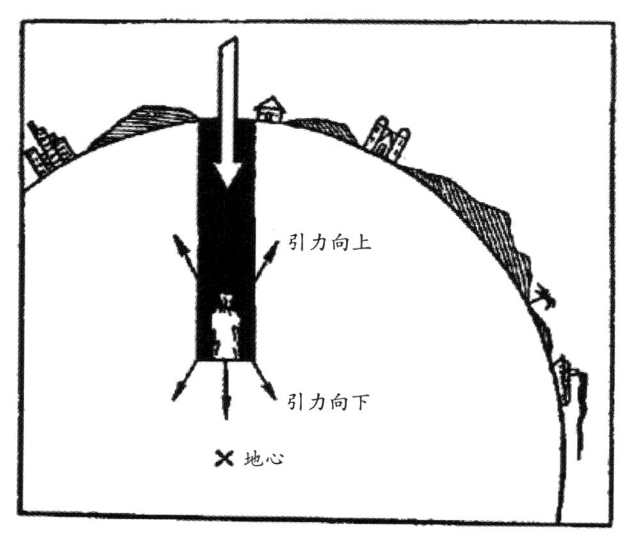

图 22　深入地球后的物体，重量为什么会逐渐减少

引以外，还会受到上方微粒的向上吸引。而这些引力彼此之间互相作用，产生实际吸引力的就只是半径为地心到物体间距离之处的球体。所以，物体一旦深入地球内部，其重量会迅速减低，一旦抵达地心，重量就会完全丧失。这是因为，此时物体周围的地球物质微粒对它施加的各个引力都完全相等、相互抵消了。

因此，当物体在地面上时，重量才会最大，升到高空或是深入地下，重量只会减少[1]。

2.8 物体在下落时的重量

你是否有过这种体验，比如在坐电梯时，一旦电梯开始下落就会莫名地感到恐惧；你会有一种跌入无底深渊的飘飘然的无措感，这是为什么？这就是失去重量的感觉：电梯下降的一瞬间，你脚下的电梯板向下降落了，而你的身体还没来得及产生同样的降落速度，几乎没有对地板施加压力，此时你的体重也就十分微小。这个瞬间过去后，恐惧感也随之

---

[1] 以上情况有一个前提条件：假定地球各部分的密度是完全均匀的，实际上地球越接近地心的部分密度越大，因此，当物体深入地球时，在最初一小段距离里它的重量还会略为增加，以后才逐渐减少。

消失了，你的身体下落的速度比匀速下降的电梯更快，因此重新对电梯地板施压，体重也就恢复了正常。

来做一个实验。用弹簧秤勾起一只砝码，然后让两者同时落下去，此时注意秤上的数值（为了方便，可以在弹簧秤的缝里放入一小块软木，观察软木位置的移动变化）。你会发现，在两者同时落下期间，秤上指示的数值只是砝码的一小部分重量！如果让弹簧秤和砝码从很高的地方自由下落，而你也可以观察到秤上的数值变化，那么你就会发现，弹簧秤的数值竟然是0！也就是说，砝码在自由下落时毫无重量。

即便是非常重的物体，在下落期间的重量也可能变为零。我们不难解释这一点。先来看看“重量”的定义吧。重量，即物体对相对于地球静止的悬点或台上的力。但是，物体在自由下落时并不对弹簧秤施加任何力，因为此时弹簧秤也在下落。物体在自由下落时，并没对其他物体施加任何压力或拉力，所以，倘若有人问物体在下落期间的重量是多少，也就无异于问物体在没有重量的时候有多少重量。

力学基础的奠定人伽利略在17世纪时就写道：

我们的肩膀在负荷重物时，会感到肩头传来的重量，但是，如果我们与肩上的重物以同样的速度一起下落，那这个重

物又将如何施压于我们呢？这就好像是要你用手里的长矛[1]去刺伤一个人，而这个人却以同样的速度与你一起朝前奔跑，在这种情况下，你又如何能刺伤他？

图 23　物体在下落时没有重量的实验

现在，我们用一个简单的实验来证实这一观点的正确性。

将一只夹胡桃用的铁钳放在天平的一端，这个钳子的一只“脚”用细线挂在挂钩上，另一只脚则平放在盘子上（图23）。天平的另一端放上一定数量的砝码，使天平可以保持平衡。现在，用火柴烧断细线，那只挂起来的脚会立刻落下去。

[1]　当然，你只准用手拿着长矛，不能将它掷出去。

试想一下，天平会在这一瞬间发生什么变化？在这只脚下落的过程中，放着钳子的这端是会下沉呢，还是上升？或者是原地不动？

这个问题很明显，你既然知道了自由下落的物体是没有重量的，那你就应该知道正确答案：在这个过程中，这一端一定会上升。

的确，拴在细线上的那只脚在下落时，虽然并没与下面那只脚分开，但它对下面的脚所施加的力，要小于固定不动的压力。钳子在这一瞬间的重量会减轻，所以在这期间，天平的这端会升起（罗森堡实验）。

2.9《炮弹奔月记》

法国小说家儒勒·凡尔纳在1865—1870年出版了一部幻想小说《炮弹奔月记》，书中描写了一个极不寻常的想象场景：把一个装有活人的炮弹车厢送上月球！这位作家把这一幻想描绘得绘声绘色，仿佛真有其事一般，这就不禁让读者萌生了一个想法：难道这种幻想就一定无法实现吗[1]？当

[1]　1969年7月16日，美国发射“阿波罗11号”，人类于7月20日首次登上月球。

然，谈论这个问题的确很有意思[1]。

我们来探讨一番，先从理论上讲，一颗射出的炮弹到底可不可能永远不再落回地球？当然，理论上的答案是肯定的。但是，一颗水平发射出的炮弹为什么最终必须回到地球上呢？因为炮弹受到地球引力的作用，其发射路线必然会发生弯曲；因此，炮弹实际上并不能始终保持直线飞行，而是沿着地球做曲线运动，迟早都会落地。虽然地球的表面也是圆形的，但炮弹的路线显然会弯曲得更严重。如果能使炮弹的行进路线少一些弯度，让它与地球表面成同一个弧度，那么它就永远都不会回到地球上来了！也就是说，它就会像地球的卫星一样，依照地球的同心圆围绕着地球运动，变成第二个月球。

但是，要怎样做才能使炮弹行进的轨迹弯度比地球表面的弯曲弧度更小呢？很简单，只要炮弹的发射速度足够大就行。来看图 24，这是地球的部分截面图。我们将炮弹从山峰上的 *A* 点处沿水平方向射出，假设不受地心引力的影响，它应在 1 秒后到达 *B* 点，但这种情形被地球引力改

[1] 现在，在发射了几个宇宙火箭以及人造地球卫星后，可以说，宇宙旅行所利用的工具不会是炮弹，而是火箭。不过，火箭的最后一级工作完了后，支配火箭运动的原理与炮弹是一样的。因此，本节内容仍然适用。

变了。实际上，炮弹在射出 1 秒后并没有到达 B 点，而是到达低于 B 点 5 米处的 C 点。5 米，这也就是每个在真空中自由下落的物体，受到地球引力作用时第一秒内的下落距离。如果炮弹在降落 5 米后与地面的距离，同它在 A 点时与地面的距离相等，那它就是沿着地球同心圆飞行的。

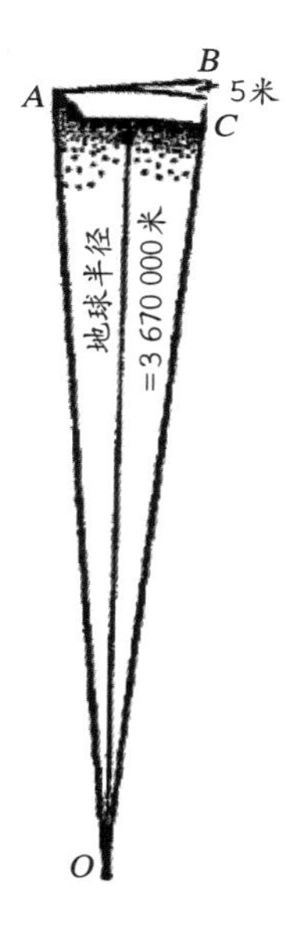

图 24　使炮弹永远不再回到地球的速度计算方法

现在，我们还需得出 AB 线段的距离长短（图 24），也就是得出炮弹一秒钟内沿水平方向发射出的距离有多少。据此我们就能知道，炮弹应以多大的速度发射出去才不会再跌

回地面。解答过程很简单，根据三角形△AOB就能得出结果：OA为地球半径（约为 6 370 000 米）；$OC = OA$，$BC = 5$米；因此，$OB = 6\ 370\ 005$米。根据勾股弦定理，得：

$$\overline{AB}^2 = (6\ 370\ 005)^2 - (6\ 370\ 000)^2$$

解出上式，得出AB约等于 8000 米或 8 千米。

由此可知，如果没有空气阻力阻碍物体运动，那么在炮弹以每秒 8 千米的速度发射出去后，就不会再返回地球了，而是像卫星一样，绕着地球旋转。

那么，如果我们以大于每秒 8 千米的速度发射炮弹，它会飞向哪里呢？天体力学证明，一旦炮弹的速度超过每秒 8 千米，达到 9 千米，甚至 10 千米的速度，它绕地球走的路线就是椭圆形的，越大的初速度就会使这个椭圆越长。当炮弹发射速度为每秒 11 千米甚至更高时，炮弹的行进路线就不再是椭圆了，而是不封闭的曲线——“抛物线”或“双曲线”，永远不会再回到地球上来了（图 25）。

因此，从理论上来看，乘坐高速发射的炮弹飞往月球旅行，这并不是不可实现的事情[1]。

[1] 但是这会碰到另一种性质的困难。就这个问题，在本书的续编里有比较详细的说明。

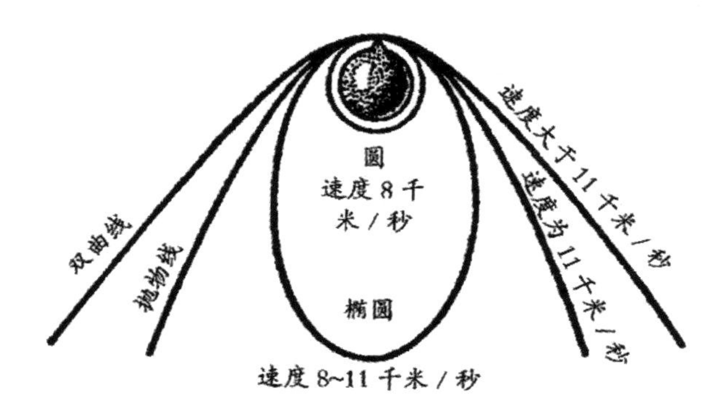

图 25　以不低于每秒 8 千米的初速度发射出去的炮弹行进轨迹

（上述论证有这样一个前提条件：大气不对炮弹的飞行起阻碍作用。实际上，大气阻力使得这种高速度很难达到。）

2.10 儒勒·凡尔纳的月球旅行

但凡读过儒勒·凡尔纳这部小说的读者，一定都乐于细细体味书中描绘的炮弹在飞过地球和月球引力同等的那一点时的情形。在这一点发生的事情简直像是童话一般：炮弹里所有的物体都失去了重量，而乘客们只要随便一跳，就会悬在空中晃荡，掉不下来了。

从理论上来讲，这段描述是符合实际的。但作家忽略了这样一点：这种情形也可以发生在这个引力对等点的之前和

之后。证明这一点并不难，因为炮弹里的所有物体和所有乘客，在炮弹刚飞出去时就已经失去了重量。

这一情形看似难以置信，但只要你仔细一想，就一定会诧异自己当初为什么察觉不到作者的这一大疏忽。

我们仍旧以这部小说为例。毫无疑问，你们一定记得“炮弹车厢”的乘客们把狗的尸体丢出车外的情形吧——他们是多么惊奇地发现尸体并没跌向地面，而是跟随车厢继续前进！这个现象的描述是正确无误的，而且对其做出的解释也是合乎实情的。的确，我们都知道这一道理：在真空环境中的所有物体都以相同的速度下落，因为地球引力给予了所有物体同样的加速度。那么，地球引力自然也会使炮弹车厢和狗的尸体产生同样的下落速度（同样的加速度）；或者更确切地说，它们在被发射出去时所获得的速度，受到了相同的重力减低作用。因此，被扔出车厢的狗的尸体也会继续跟随车厢行进，而且在这一行进路线上，每一点上的速度都是完全相等的。

然而，这位作者却忽略了下面一点：如果狗的尸体在被抛出车厢后不会跌向地面，但在车厢内时为什么会跌落呢？不管它在车厢外面还是里面，它所受到的作用力应该是完全一样的啊！所以说，即使狗的尸体在车厢内部，也应是悬空停留的，因为它的速度与炮弹完全相同，所以对于车厢来

说，它应是处于相对静止的状态才对。

这一道理不仅适用于狗的尸体，也同样适用于车厢里的乘客和所有物体：在行进路上的每一个点上，它们与车厢的速度是完全相同的，因此，即便它们处在没有任何支撑点的位置上，也不会跌落下去。原本放在车厢地板上的椅子，就算四脚朝天放在天花板下面也不会掉“下”来——它会跟着天花板继续前行。而乘客也可以直接在这样倒置的椅子上“头朝下”地坐着，丝毫感觉不到跌落的危险。是的，没有任何力量会让他跌落下来。如果他跌了下来，那就是说在同一空间里车厢比乘客行进得快（只有这样，椅子才可能向地板靠近）。而很显然这是不可能的，因为车厢里的所有物体，都与车厢拥有同样的加速度。

作者没有注意到这点：他以为行进中的车厢内部的所有物体仍然会向它们的支点靠近，和车厢静止时一样，但他忽略了这件事——物体之所以压向支点，是因为它的支点是静止的，或者即使在移动但速度不同；如果空间内物体与其支点的运动加速度相同，那么就不存在互相施压的情形了。

所以，从旅行一开始，乘客就已经失去了一些重量，可以在车厢内部空间随意地悬空停留；同样，很快车厢内的所有物体也都失去了重量。从这一特点来看，乘客们可以明确地判断出，他们究竟是在空间内迅速移动，还是在大炮筒里

一动也不动。然而，我们的大作家却说，在这段奔月旅行开始半小时后，乘客们还在为一个问题而争论不休：他们到底是已经飞着了，还是还没开始飞？

“尼柯尔，我们已经开始飞行了吗？”

尼柯尔和阿尔唐面面相觑，他们丝毫都没感觉到炮弹有什么震动。

“是吗？我们到底有没有在飞着啊？”阿尔唐重复着刚才的问题。

“我们会不会还没开始飞啊？难道还停留在佛罗里达的地面上一动也没动？”尼柯尔问。

“或者我们在墨西哥湾的海底下？”米歇尔补上一句。

如果是海轮的乘客发出这种疑问，那还是可能的，因为他们仍旧保有自己的重量；至于行进的炮弹车厢里的乘客，他们则没有理由这么认为，因为他们不可能发现不了自己已经失去重量了。

就这么一个幻想中的炮弹车厢，我们可以从中看到多少奇妙的东西啊！这个世界是个玲珑精妙的小世界，所有的物体都在其中失去了重量；一旦你放开手，手里的东西就会停留在方才的位置上；无论什么情况，一切物体都会维持着自

身的平衡；即便你打翻了装着水的瓶子，也不用担心水会洒出来……可惜的是，《炮弹奔月记》的作者却忽视了这些奇妙的场景；否则的话，这部小说将会有多么精彩呀！

2.11 用不正确的天平进行正确的称量

想一下，如果我们要正确称量物体，最重要的是天平，还是砝码呢？

如果你回答这两者同样重要，那你就错了：只要你有正确的砝码，你也能用一架不正确的天平测出正确的数据来。有好几种方法都可以做这种称量，这里我们来谈谈其中两个方法。

第一种方法是由俄罗斯的化学家门捷列夫提出来的。步骤如下：首先，在天平的一端放一个重物，这个重物只要比你准备称量的物体重一些就可以了。然后在另一端放上砝码，使天平两端保持平衡。其次，把要称量的物体放在放砝码的那个托盘上，然后再逐渐把砝码一个个拿走，直到天平恢复平衡。最后自然就得出结果0：拿走的砝码的重量就是物体的重量，因为这时候天平已经恢复了平衡，物体已经取代了拿下的砝码，也就是说，物体的重量与拿下来的砝码重量相同。

这种方法被称为“恒载量法”，尤其适用于需要连续称量几个物体的情况。天平一端的重物可以一直放在那里，一次性为所有物体称重。

第二种方法是这样的：在天平的一端放上要称量的物体，另一端慢慢增加铁沙或之类的东西，直到天平平衡。然后，沙粒那端不要动，拿下这个物体，再逐渐把砝码加在放物体的这只盘上，直到天平恢复平衡。这样，盘上砝码的重量显然正是物体的重量。这被称为“替换法”。

刚才我们说天平，现在来看弹簧秤。弹簧秤的托盘只有一个，这要怎么做呢？当然，如果你手上还有一些正确的砝码，我们也可以采取同样的方法来完成。这里不需要铁沙，把要称量的物体放在托盘上，然后记下弹簧秤指示的数值。接下来，拿掉托盘上的物体，换成一个个砝码，直到弹簧秤显示的数值与方才相同为止。很显然，此刻砝码的重量就是物体的重量了。

2.12 比自己更有力量

你用一只手能提起多重的物品？先假设是 10 千克，那么，这是否就意味着你的手臂肌肉的力量等于 10 千克？错，你肌肉的力量远远不止于此！比如，请你注意一下手臂上

二头肌的作用（图 26）。这条肌肉依附在前膊骨这一杠杆的支点位置，而重物的作用点却在杠杆的另一端。支点（就是关节）与重物间的距离，约为二头肌的顶端到支点距离的 8 倍。如果重物的重量为 10 千克，那么也就是说，肌肉的拉力就是这一重量的 8 倍。由此可见，肌肉所产生的拉力是手臂力量的 8 倍，它可以承担 80 千克的重量，而不仅仅是 10 千克。

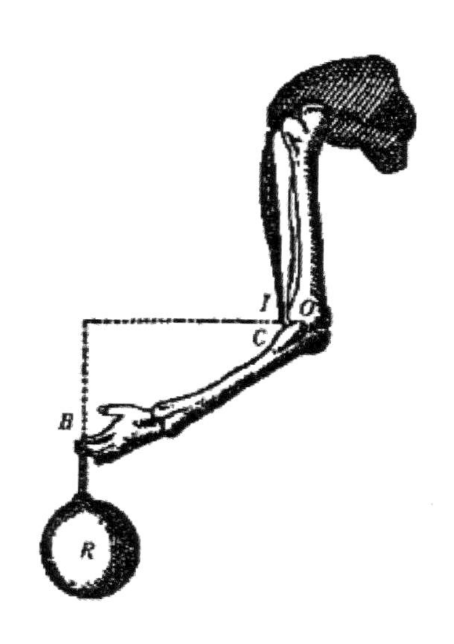

图 26　人体前臂骨（*C*）属于第二类杠杆。*I* 点是作用力（二头肌）的作用点；关节上的 *O* 点是杠杆的支点；*B* 点则是要克服的阻力（重物 *R*）的作用点。*BO* 的距离（杠杆的长臂）大约为 *IO*（杠杆的短壁）的 8 倍

我们绝对有资格这样说：每个人真正的力量，要远远超过他平时所表现出来的力量。换句话说，我们的日常动作仅仅只展现出来肌肉力量的很小一部分，真正的力量要强大得多。

这样的话，人的手臂构造似乎就显得十分不合理了——我们看到肌肉的力量白白损失了一大半。但是，我们就得仔细想想一个古老的力学“黄金法则”了：力量上吃亏的，一定会在移动距离上补回来。所以，我们在速度上就弥补了这一大损失，与操纵手臂的肌肉动作相比，我们双手的动作就整整快了8倍。这在动物身上也同样，正是这种肌肉构造才确保了四肢的灵活运动，从生存角度来看，这就比力量的大小更为重要了。如果人类的手脚内部肌肉不是如此联结的话，我们就无异于动作迟缓的动物了。

2.13 为什么尖锐的物体容易刺进别的物体？

你是否想过这样的问题：缝衣针为什么可以轻而易举地从物体内部穿过去？一根针可以轻易地穿透一块绒布或一张厚纸板，而钝头的钉子却做不到？难道这两种情况下物体的作用力有什么不同吗？

当然，这两种情况里的力量是同样的，不一样的是压力

强度，或者说压强。当我们用针穿透物体时，所有力量的集中点在于针的尖端；而钝头钉的钉尖面积要大于针尖，同样的力量却分配在更大的面积上，钉子所施加的压力强度自然要比针小很多——这里有个前提条件：假设我们所施加的力量完全相同。

我们都清楚，如果用一把 20 齿的耙去耙土地，与同样重量的 60 齿耙相比，前者的沟壑肯定会更深。原因很简单，因为 60 齿耙上的每一个齿所分配到的力量，要远远小于 20 齿耙。

在谈及压力强度这个问题时，除了注意力量这一因素，更要格外注意力量作用的面积。如果力量相同，其产生的压强大小就取决于作用力面积的大小——1 平方厘米与百分之一平方毫米的结果是相差甚远的。

我们可以用雪橇在松软的雪地上滑行，而双脚走在上面就会陷进雪里。这也是同样道理。当我们用雪橇时，身体压力就分配在较大的面积上。打个比方，假设两只雪橇的面积相当于鞋底面积的 20 倍，那么，雪橇施加给雪面的压强，就相当于两只脚所施压强的 1/20。由此可见，我们用雪橇可以在松软的雪面上行走，而用两只脚行走就必然会陷进去了。

这个原理也同样适用于那些在沼泽地里工作的马儿。这

些马儿的马蹄上都要绑着特制的“马靴”，目的是增加马蹄对地面的作用面积，以使地面受到的压强得以减少，防止马蹄陷进泥沼里去。在有些沼泽地带，人也有同样的特制“靴子”。

至于人一定要在薄冰上匍匐前进也是同一道理，目的就在于将自身体重分配到更大的面积上。

另外，那些体型庞大、底部装有履带的重型坦克和拖拉机，之所以可以在疏松的地面上行驶，也是出于这一缘故。重量的支持面积越大，地面所受的压力也就越小。重量超过 8 吨的装有履带的车辆，每一平方厘米地面所承受的压力还不到 600 克。这么来看，那些再沼泽地运送货物的车辆就十分有意思了。这种火车装载的货物可以达到 2 吨重，施加于每平方厘米地面的压强却只有 160 克，难怪它可以在泥泞的沼泽地带或沙漠地区平稳地行驶。

从技术上来讲，这种支持大面积的现象，同支持小面积的诸如针尖穿透物体的现象一样，可以为人类大为利用。

综上来看，尖端之所以能够轻易刺透物体，是因为力的分配面积小。同样的原理也可以用来解释这一现象：越锐利的刀子越容易切割物体，因为力量的集中面积要更小。

因此，之所以锐利的物体更容易用来切割或穿刺，是因为它们的刀刃或尖端集中的压力要更大。

2.14 跟巨鲸相仿

如果你坐在一个粗糙的木质凳子上，会觉得极不舒服，但倘若你坐在同样材质但表面光滑的椅子上，就不会有不舒适感，为什么呢？如果你睡在一个由坚硬的棕索编织成的吊床上，为什么一样会觉得舒适柔软？而在钢丝床上睡觉也不会觉得难受？

道理其实很简单。粗糙的木质凳子表面是平的，身体在坐上去后，与凳子的接触面积很小，而我们的体重就不得不集中在这个十分有限的小面积上。至于光滑的木质椅子，它的椅面是略为向下凹的，因此人体的接触面积就大一些，而体重的分配面积也就较大，所以，单位面积所受的压力也就小一些。

因此，压力分配是否均匀就是问题的关键所在。假使我们躺在柔软的被子上，整个身体就会陷进去，柔软的被子会根据身体的轮廓变成相应的形状。因此，你的体重在接触面上的分配就十分均匀，每一平方厘米的接触面积所分配到的压力就只有几克。显而易见，你躺得一定十分舒服了。

如果我们用数字来表示这种差别，也十分简单。一个成年人的身体表面积约为 2 平方米（或 20 000 平方厘米）。当

我们躺在床上时，与床接触的身体面积大约为总面积的 1/4，即0.5 平方米（或5000 平方厘米）。假设体重为60 千克（平均数），就是 60 000 克，经计算我们可得，每 1 平方厘米的支持面积所承受的压力仅仅为 12 克。假设你是躺在一块硬板上，那么你与硬板的接触实际上只有身体的几个点，这些接触点的总面积顶多也就只有 100 平方厘米，由此来看，每 1 平方厘米的身体承受的压力就不是十几克了，而是五六百克。很显然，这种差别必然会导致我们产生“坚硬难受”的感觉。

不过，我们也能有办法在最硬的地方躺得舒适，这只需要我们均匀地把体重分配在较大的面积上。举个例子，你可以先躺在一片软泥地上，在泥上印下你身体的形状，然后站起身，让泥土慢慢变干燥（干燥后的泥土大约会收缩 5%~10%，这里先假设这种情况不出现）。当这块泥土变得像石块一样坚硬，你再重新躺回去，让你的身体姿势与泥土上的形状相吻合，这时，虽然你睡在硬地板上，你也丝毫不会感到坚硬，而同之前躺在软泥上一样舒适。这种情形与罗蒙诺索夫的一首诗里所描写的传说中的巨鲸相似：

横卧在尖锐的石块上，

它可毫不在乎这些石块的坚硬，

对于这伟大力量的堡垒，

它不过只是柔软的泥土。

而你之所以感觉不到石头的坚硬，只是因为你的体重被分配的支持面积比较大，并不在于“伟大力量的堡垒”。

CHAPTER 3

第三章

介质的阻力

3.1 子弹和空气

大家都知道这样一个事实，空气对自由飞行的子弹具有阻碍作用，但这种阻滞力究竟有多大，真正清楚的人就寥寥无几了。在大多数人看来，像空气这种看不见摸不着的介质，一定不会对飞行的子弹产生多大程度的阻碍力。

然而，图 27 的解释明确地推翻了大多数人的这一想法。我们来看，图上的大弧线表示的是，在没有大气的情况下，子弹以 620 米每秒的初速度以 45° 角射出后的飞行路线——这个长 40 千米、高 10 千米的大弧线。而事实上，这颗子弹在空气里飞行的路线只是 4 千米的小弧线。图上可以明显地看到，与大弧线相比，这条 4 千米长的小弧线就太不显眼了：空气对子弹的阻力竟然有这么大！也就是说，如果没有空气，子弹就可以从 40 千米以外射向 10 千米的高空，然后再击落遥远陆地上的敌人！

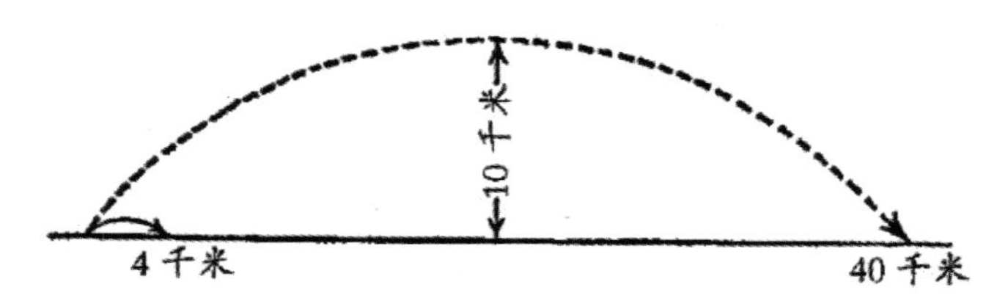

图 27　子弹在真空里和在空气中的飞行路线。小弧线表示在空气中的飞行路线，大弧线表示在真空中的飞行路线

3.2 超远程射击

1918 年，第一次世界大战即将结束之时，德国炮兵成功地在一百多千米之外的地方击落对手。当时，英法空军对德军的袭击已接近尾声，而德军最终选择了这样一种新型的超远程炮击方式，对 110 千米之外的法国首都巴黎进行炮击。

这种方式是德军炮兵偶然发现的，之前也未有人尝试过。一次，一位德国炮兵以很大的射角发射出一门大口径炮的炮弹，发现炮弹并没落在预计的 20 千米之处，而是出乎意料地落在 40 千米远的地方去了。这是因为，当炮弹以极大的初速度大角度向上发射后，到达空气稀薄的高空大气层，此时空气的阻力变得非常微小；而炮弹在这种阻力微弱的空间内可以飞行很长的距离，最后迅速降落。来看图 28，它清楚地告诉了我们：发射角度不同，炮弹的飞行路线也会迥然不同。

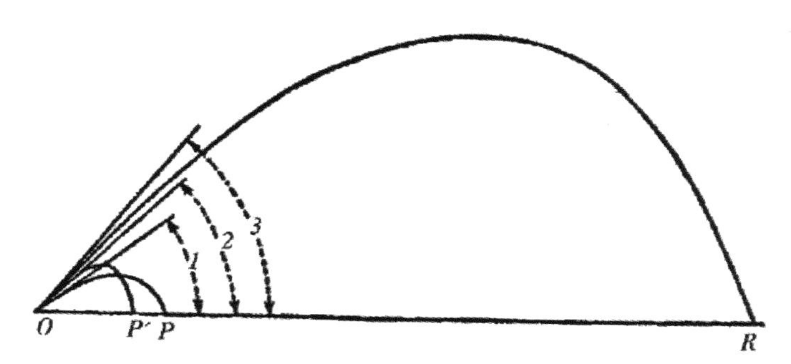

图 28　超远程炮弹不同的发射角度所达到的不同距离和不同路线：如果射角为∠1，着地点是 P；如果射角为∠2，着地点为 P'；如果射角为∠3，射程就增加了很多倍，因为此时的炮弹已经飞入空气稀薄的平流层了

基于这一观察结果，德军设计制造了从一百多千米以外炮轰巴黎的超远程炮弹（图 29）。在实验成功以后，1918 年夏天一战即将结束之际，德军用这种武器，将 300 多颗炮弹送给了巴黎。

图 29　超远程炮弹的外形

这种新型大炮的具体情况如下：它有一根长34米、直径1米的巨大钢筒，重达750吨，炮筒下壁厚度为40厘米；炮弹长1米、粗21厘米，重达120千克。需装入150千克火药，这样能够产生5000气压的高压力，发射的初速度能达到2000米每秒。炮弹的发射角度为52°；射出后在空中划出一道离地40千米高的大弧线，此高度已进入了大气平流层。从发射点到巴黎的距离为115千米，时间约为3.5分钟，而其中有2分钟都处于平流层飞行状态。

这就是第一座超远程炮弹——现代超远程炮弹的鼻祖的具体情形。

炮弹射出的初速度越大，受到的空气阻力也就越大。这一阻力并不是简单地与初速度呈单一比例增加，而是以初速度的二次方或更高次方递增——这个速度要快得多。不过，到底是几次方的比例，这就取决于初速度的大小了。

3.3 风筝为什么会向上飞?

当你牵着风筝的线往前奔跑时，你可曾想过，风筝为什么会向上飞?

如果你知道这个问题的答案，你也就知道了飞机为什

么会飞，种子为什么会随风传播，甚至也能明白古代人使用飞旋标的部分原理了，这些现象都源自于同一个原理。原来，正是极大阻碍炮弹飞行的空气，却让风筝或种子这类轻巧的物体飘浮在空中，甚至承载着巨大的飞机平稳地飞行。

为了更明确地了解风筝会飞的原因，我们先来看一幅简图。假定 *MN* 线为风筝的横截面。当我们牵动风筝的线，风筝就会开始移动，在尾部的重量作用下，风筝保持着倾斜的姿势移动。下面，我们假设从右往左开始移动。图上的 *a* 表示风筝平面与水平线之间的夹角，那么在这种运动中，风筝所受的作用力都有哪些力量？首先，空气自然会施加一定的压力阻碍风筝移动。图 30 上的箭头 *OC* 代表这个空气压力；由于空气向某个平面施压的方向总是垂直于这个平面，所以 *OC* 线就是 *MN* 的垂直线。*OC* 力可以被分解为两个力：*OD* 和 *OP* 两个分力，在此基础上得到一个力的平行四边形。*OD* 力会将风筝往后推，所以就要使它的初速度降低；至于 *OP* 力，它会将风筝向上拉，也就会减轻风筝的重量，而且，只要这个 *OP* 力足够大，就可以完全抵消风筝的重量作用，让它飞起来。当我们牵动风筝的线往前奔跑时，风筝就会向上飞，原因就是这样。

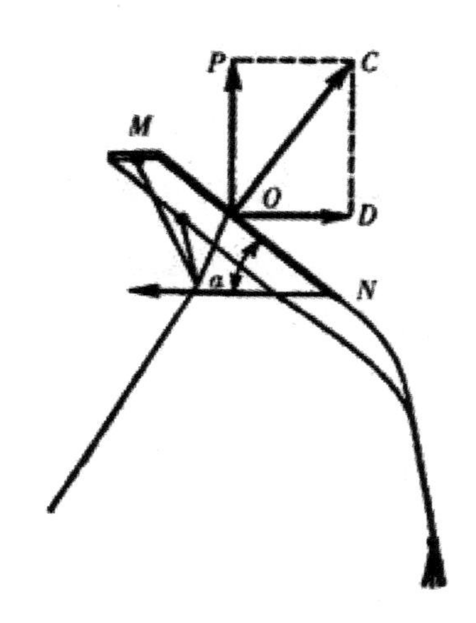

图 30　风筝向上飞的作用力量

实际上，飞机与风筝的原理一样，只是牵引力不同——风筝的牵引力是通过长线拉动它的人力，而飞机是螺旋桨或喷气发动机的推动力。当然，这里只是做一个最简单的解释；实际上，飞机飞起来的原因远远不止于此，在另一章节我们将继续介绍[1]。

3.4 活的滑翔机

从上一节我们得知，飞机并不像人们通常想的那样，好

[1]　这里请参阅《趣味物理学续编》“波浪和旋风”一节。

像是飞鸟的模仿者，事实上，它应该是鼯鼠、鼯猴或飞鱼的模仿者。不过，这几种动物的飞膜并不是为了要向上飞，而是在于可以跳得更远，用飞行术语来说就是“滑翔降落”。力量 *OP* 还不足以完全抵消它们的体重，只能减轻一部分体重，帮助它们更好地从高处做远距离跳跃（图 31）。一只鼯鼠可以从一棵树跳到 30 米开外的另一棵较矮的树枝上。东印度和锡兰有一种大型鼯鼠，体型约为家猫大小：它们在张开飞膜时几乎有半米阔。尽管它们体重较大，但这种大面积的飞膜也能帮助它们跳 50 米远的距离。而菲律宾群岛产的鼯猴甚至可以跳 70 米远的距离。

图 31　会滑翔的鼹鼠。它们可以从高处跳跃 20~30 米远的距离

3.5 植物的“滑翔装置”

许多植物散播种子和果实的过程也需要依靠滑翔来完成。有些种子长着一束束的冠毛（比如蒲公英、棉籽和婆罗门参），这些冠毛就像降落伞一样；有些幼芽的形状是平面的，可以使它们停留在空中。像杨树、槭树、松树、榆树、椴树、白桦树，以及伞形科植物等，它们的种子或果实都有这种“植物滑翔机”。

在《植物的生活》一书里，我们可以看到以下这几段描写：

万里无云的晴天，一丝风也没有。垂直上升的空气流将植物的果实和种子带到高空，而傍晚日落之后，种子和果实又悄悄降落回近处。这种短暂的飞翔，并不是要将种子散播得更广，而是要让它们落到峭壁斜坡的缝隙里，因为只有这一种办法可以做到这点。而水平方向的空气流，会将空气中飘浮的种子和果实带向更远的地方。

有个奇怪的现象：植物的“降落伞”或“翅膀”并不是一直依附在种子身上的。有些蓟类植物的种子只在漂浮的时候拥有“降落伞”，一旦碰到障碍物，种子就会自动脱离伞体，降落到地面上去。这就是为什么篱笆和墙壁上经常会长

满植物。不过，也有一些植物的“降落伞”始终与种子连在一起。

图 32 和图 33 中展示了几种带有“滑翔装置”的植物种子。

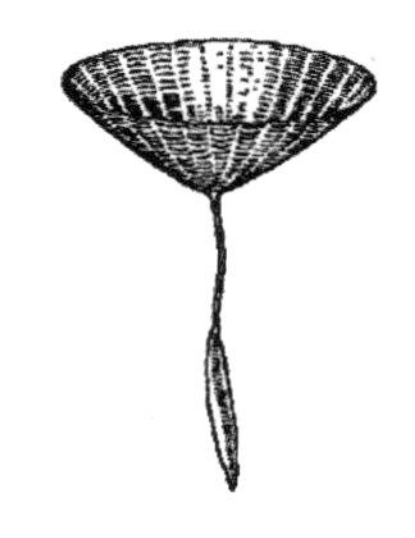

图 32　婆罗门参的果实

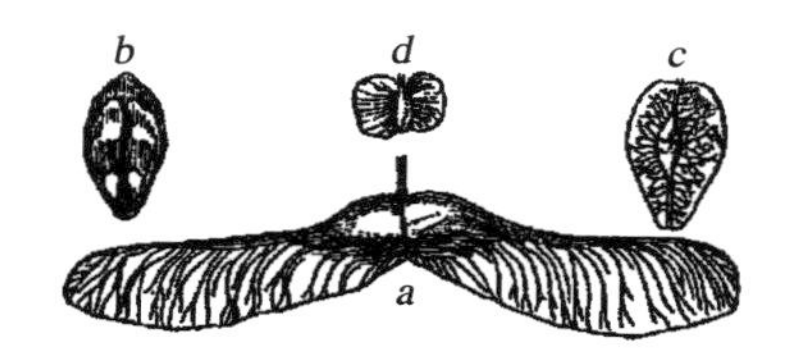

图 33　几种带有“降落伞”的植物种子——翅果：*a*. 槭树种；*b*. 松树种；*c*. 榆树种；*d*. 白桦种

从某些方面来看，植物的“滑翔装置”的完善性甚至超过人类的滑翔机。它们可以轻而易举载着超过自身重量的物体“飞起来”。除此之外，植物的“滑翔装置”还具有一个特点：带有自动的稳定系统。例如，如果你将素馨的种子倒过来让它降落，它在下落的过程中会自动翻转，使凸起的一面朝下；如果它在飞行过程中遭遇什么阻碍，也不会猛然跌下去，而是缓慢地降落。

3.6 迟缓跳伞

在此之际，很容易就想起那些从10千米高空不打开降落伞就直接跳下去的英勇跳伞者们。他们直到落完了大部分路程后才打开降落伞，也就是说，只有最后几百米是依靠降落伞而下落的。

很多人都认为，不打开伞直接跳下来，就同在真空里像块石头一样直直地落下去一样。如果事实的确如此，那么延迟开伞的下落时间要远远小于实际需要的时间，而这所得到的下落速度最后也会非常大。

实际上，空气阻力大大减少了这种降落速度。当跳伞者没打开伞下落的时候，只有最初几百米路程这十几秒的速度是逐渐增加的。而与此同时，空气阻力也随着降落速度的增加而大幅增加，这就限制了下降速度的继续增大。所以，加速下落就开始变成了匀速下落。

在这里，可以从力学角度上用计算的方法大致描绘出迟缓跳伞的情形。在跳伞员没打开伞下落期间，只有最初12秒甚至更少时间里才有加速度，这取决于人的体重多少；这十几秒的时间里，跳伞员产生的加速度约为每秒50米，降落路程为400~450米；而之后不打开伞的时间内，基本上都在以这一速度匀速下降了。

水滴下落的情形也大致如此，唯一的不同之处就在于，水滴在下落时，下落速度不断增加的时间总共只有一秒钟甚至更少，比跳伞要小很多。而这个速度约为每秒 2~7 米，同样也取决于水滴的大小[1]。

3.7 飞旋标

这是原始社会在技术上最完善的制作品，是一种非常奇特的武器。很长一段时期里，科学家们都对其中的原理迷惑不解。的确，这种飞旋标可以在空中划出如此奇特的路线，的确给每个人出了道难题啊（图 34）。

图 34　原始人躲在隐蔽物之后，向猎物投掷出飞旋标。图上的虚线表示飞旋标的飞行路线（未击中目标）

---

[1]　在我著的《趣味力学》一书里，有关于雨滴下落速度的详细说明。

现今，飞旋标的原理已经得到了详尽的解释，而这也不再被视为什么奇术了。在这本书里，我们不可能一一对每个现象做深入探讨和研究，只能为读者做出大致解释——飞旋标的飞行路线之所以如此奇特，原因主要在于三方面因素：（1）最初投掷出的作用力；（2）飞旋标的旋转力；（3）空气的阻碍力。这三方面因素被原始人结合在一起；他们以适当的角度、力度以及方向熟练地将飞旋标投掷出去，然后得到期望的结果。

事实上，这种技巧并不难，每个人都可以通过训练来掌握它。

为了便于室内练习，我们可以制作一只纸质的飞旋标。按照图 35 所示，用卡片纸剪出相应的形状，每个边的长度约为 5 厘米，宽度稍少于 1 厘米。用食指和拇指夹住这个纸标，如图 35 所示，然后用另一只食指用力往前上方弹它，它就会立刻飞出你的手中，飞出 5 米远的距离，在空中划出一道奇妙而美丽的圆弧线，而且，如果恰巧碰到什么障碍物，它又会飞回你的身边，落在你脚下。

如果你按照图 36 的形状和大小来做这个飞旋标，那么，你就会更成功地完成这个实验。最好是做成略微呈螺旋状的（如图 36 下方）。当你做了足够多的练习后，这种飞旋标就可以划出相当复杂的奇妙曲线，最后回到你脚边了。

图 35　投掷纸制飞旋标的方法

图 36　纸制飞旋标另一面形状的实际大小

最后还要提一点，这种飞旋标并不像人们想的那样只有澳洲土著民使用，印度多个地区原住民也广泛使用这一工具。当地的壁画遗迹展示，在特定时期，这种飞旋标是士兵的一种特殊作战武器。古埃及和努比亚的飞旋标也十分有名。不过，最独一无二的仍然是澳洲的飞旋标，由于它特殊的螺纹形状，一旦它脱靶，就能够在划出一道奇特的曲线后，稳稳地飞回你的身边。

图 37　古埃及图画：投掷飞旋标的士兵

CHAPTER 4

第四章

旋转运动·“永动机”

4.1 如何辨别生蛋和熟蛋?

如果要求你分辨一颗蛋的生熟，前提是不许敲碎它，你会怎么做？当然，从力学角度来看，这只是个小问题。

你要知道问题的关键在于——两者的旋转情况是不同的。从这点来看，问题就迎刃而解了。首先把你要辨别的蛋放在一个平面上，然后用两只手指轻捏着旋转它（图 38）。假如蛋的转动速度很快，而且时间比较久，这就是个熟蛋（煮得特别“老”的会更明显）；生蛋几乎是旋转不起来的。

图 38　怎样旋转蛋

如果这颗蛋煮得够久，一旦它快速旋转起来，你甚至可以看到它会在尖的那端自动立起来。

之所以有这种不同的现象，原因就在于熟蛋的内部是一个实心体，它与蛋壳是一个整体，而生蛋内部是液态的蛋黄和蛋白，它的惯性会导致它无法与蛋壳同时旋转起来，而且还会阻碍蛋壳的旋转；这个液态的蛋黄蛋白就相当于蛋壳的“刹车器”。

这两者在旋转停止时的现象也不同。你的手一旦轻触旋转的熟蛋，它就会自动停下来，而如果你触碰旋转的生蛋，虽然它在碰到的那一刻会停止运动，但只要你的手一松开，它就会继续摇摇晃晃地转动。这也是之前所说的惯性作用在作祟，虽然它阻止了蛋壳的运动，但内部的液态物还在继续运动；熟蛋的内部与蛋壳是一个整体，所以它会立即停止转动。

图 39　用细线悬挂鸡蛋来判断生熟的方法

我们还可以用另一种方法来做这个实验。取两根橡皮圈，沿着生蛋和熟蛋的“子午线”分别将它们箍起来，然后用同样的细线将蛋悬挂起来（图 39）。将两条线扭转到同样的圈数后同时放开手，这时你就能明显地看到区别了：熟蛋在转完了扭转的圈数后，会在惯性作用下朝反方向转去，再转回来，就这样来来回回扭转，次数慢慢减少。与此同时，生蛋早就停下了，它只转了三四圈就不再转动，因为内部的液态蛋黄和蛋白阻碍了它的旋转。

4.2 “魔盘”

一把撑开的伞，如果把伞头着地立起来，然后转动伞柄，这把伞很容易就能快速旋转起来。这时，如果你往伞里丢一个小球，这个球一定会被抛出去，而不是留在伞里。这种将小球抛出去的力，常被人误认为是“离心力”，事实上它只是惯性力的结果。小球移动的方向并不是半径的指向，而是以与圆的移动路线相切的方向。

许多公园里都有种叫作“磨盘”的装置（图 40），它的构造也是依据以上原理。玩这个设备的人能够亲身体验到惯性的作用。参与者随自己的喜好在大圆盘上站着、坐着，甚至是躺着，圆盘底部的发动机会慢慢开始转动圆盘的竖轴。

最初转得很慢，渐渐地越来越快。这时，惯性就开始发挥作用了，人们开始朝圆盘的边缘滑过去，而惯性作用也会发挥得越来越强烈。最后，不管你费多大力气想要停在圆盘上，你也免不了被这个“磨盘”给抛出去。

图 40 “磨盘”。在惯性的作用下，旋转圆盘上的人被抛出盘外

实际上，地球也是这样的一个“磨盘”，性质和原理都与之相同，不同的只是尺寸而已。虽然地球并没把我们抛出去，但至少也让我们的体重减轻了。比如，地球上转速最大的位置——赤道上的人——体重竟然只有原先的 1/300，这也正是由这个原因造成的。如果把影响体重的其他所有因素都考虑在内，赤道上的人的体重总共就会减少 1/200（0.5%），所以，一个人（成年人）在赤道上的体重，比在两极的体重要少 300 克左右。

4.3 墨水滴画成的旋风

找一块白色硬纸板，把它剪成圆形，再将一根削尖的木棒从中间插过去，这就做成了一个简易的陀螺（图 41）。转动这个陀螺很容易，不需用什么特殊的技巧。只要用大拇指和食指捏住这根小木棒，然后轻轻一转，迅速地将它丢到光滑的平面上，它就会转动起来。

图 41　圆纸片上的墨水滴在旋转过程中的流散情形

现在，我们可以做一个更有意义的实验。在转动陀螺之前，先在纸片上滴几滴墨水；在墨水还没干的时候，赶紧转动陀螺。等陀螺停止转动后，我们可以看到这样的情景：每一滴墨水都画出了一道螺旋线，而将每一道螺旋线组合起来看，就像是一股旋风的形状。

当然，这并非是偶然出现的情形。这个圆纸片上的螺旋线，实际上就是每一滴墨水的移动轨迹。这每一滴墨所受到的力，就与“磨盘”上的人所受的作用力一样。在离心力的作用下，每一滴墨都会离开中心朝四周的边缘移动，而在纸片边缘的转动速度要远远大于墨滴本身的速度。

每一滴墨水仿佛都退到圆纸片的半径后面，落在了它的后方；纸片也仿佛从墨水下面悄悄地溜到了它们的前面。因此，墨滴的移动轨迹才显出弧度来，我们就在纸片上看到了一条条曲线轨迹，也就是所谓的“旋风”。

从高压地区向低压地区流动的空气流（即“气旋”）或往外流动的空气流（即“反气旋”）也是同样道理，所受的作用力是一样的。所以，这墨滴作成的螺旋画，实际上也就可以看成是旋风的缩影。

4.4 受骗的植物

物体在快速转动时所产生的离心力，可以达到非常大的数值，其作用甚至能超过重力作用。现在我们就来看一个有趣的实验，了解一下普通的车轮在快速旋转时可以产生多大的“甩开力”。众所周知，植物茎叶生长的方向始终都与重力的方向相反，也就是说，始终都在向上生长。然而，如果

让一棵植物在飞速旋转的车轮上生根发芽，你就会发现一个不可思议的现象：植物的根会向轮外生长，而茎却沿着半径朝车轮的中心方向生长（图 42）。

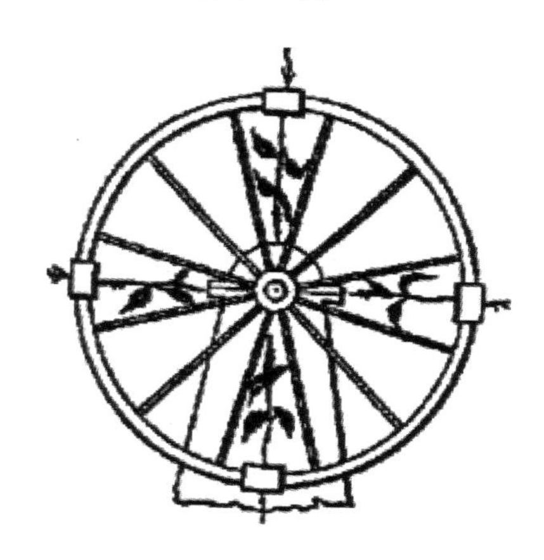

图 42　在旋转车轮上种植的植物的生长情形：根部向轮外生长，茎却往轮心生长

似乎是我们在欺骗植物：我们用一种从轮心向外的作用力，取代了作用于它的重力。由于植物的茎始终都朝着重力作用的反方向生长，所以，这种情况下它就会向轮心生长。人造的重力要大于自然重力[1]，这颗植物就不得不如此生长了。

[1]　从引力性质来看，这两种力量并没有什么主要区别。

4.5“永动机”

我们已经谈了太多关于“永动机”和“永恒运动”的话题，包括它们最直接的意义和引申的含义，然而，真正能够理解其中道理的人并不多见。永动机是一种可以不停地自发运动的机械，同时还能做某种有用功（比如将重物举到某个高度），是一种想象中的机械。虽然很早就有人不断尝试，但至今尚未能成功。无数的失败案例让人们认为，这种永动机是不可能被制造出来的，而且在此基础上，科学家还确立了现代科学的基本定律——能量守恒定律。至于“永恒运动”，它指的是一种不停运动而不做任何功的现象。

这里是关于永动机的最古老的自动机械设计（图 43），直到现在，还有许多永动机的追随者在不停尝试去复制它。轮子的边缘装有 12 个可活动的短杆，每个短杆的一端装着一个铁球。右边的球比左边的球离轮轴更远，因此，右边的球产生的转动力要大于左边，右边就会向下压，带动轮子转动起来，并且永不停止，除非轮轴被磨坏了。设计者原本是这么设想的，然而，等这一装置被制造出来后，却并没能实现之前的设想。发明家为什么会失败呢？

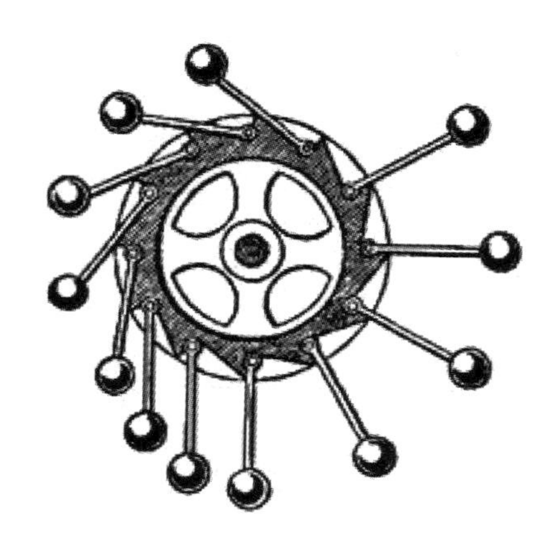

图 43　最古老的永动机设想：中世纪时期设想的永动轮

仔细分析一下就会发现：虽然右边的球离轴心的距离较远，但是球的个数少，左边的球产生的力矩虽小，但是球的个数多。图 43，右边共四个球，左边却有八个。于是，轮子不会持续转动下去，只会摆动几下，便停在图中所画的位置上[1]。

历史上有不少人企图设计这种永动机，而现在事实已经证明了，这种可以永恒运动（特别是同时还要做功）的机械只是一种无法实现的空想，倘若还有谁妄图制造出这种机械，那完全是无用功。在历史上，尤其是中世纪时期，为了“永动

[1]　这里就需要应用所谓的“力矩定律”。

机”的发明和制造问题，无数人已经白白浪费了大量的时间和精力，人们对永动机的痴迷甚至超越了用金属炼金的工作。

在普希金的著作《骑士时代的几个场面》里，也曾描写过一位关于永动机的幻想家别尔托尔德的故事：

“perpetuum mobile是什么？”马尔丁问。

“perpetuum mobile，”别尔托尔德回答道，“就是永恒的运动。一旦我能够获得了这种永恒的运动，我就能够设法达到人类创造的极限……我亲爱的马尔丁先生，你知道吗！炼制黄金的工作当然让人非常心动，有关这方面的其他发现也是大有益处且十分有趣的，然而，假设我能够得到perpetuum mobile……天啊！……”

古往今来，人们曾设想过数百种“永动机”，但无一例外都归于失败。正如我们所说的事例，每个发明家都在设计的过程中忽略了某个方面的某些因素，因此就造成了整个设计的失误。

现在来看另一种设想的永动机（图44）：一个装有可以自如滚动的钢球的圆轮。这位发明家认为，轮子一边的钢球离轮心的距离总是比另一边更远，所以在这种重量作用下，轮子一定会永不停息地旋转下去。

图 44　装有可以自如滚动的钢球的永动机

当然，这一想法也同样无法实现，原因与图 43 中的轮子相同。即便如此，在狂热追求广告效应的美国，仍然有一家咖啡店特地制作出这样一只巨大的轮子（图 45），以此来吸引顾客光临。不过，虽然这只旋转的大轮子看起来的确像是由滚动的钢球带动的，但它其实只是由隐藏着的电动机带动的。

类似这种设想的永动机还有很多，历史上某一段时期还曾将它展示在钟表店的橱窗里，借此来吸引顾客。实际上，这些模型都是由隐藏的发电机所带动的。

图 45　美国一家咖啡店安置的永动机（用于广告作用）

我曾经被一架用于广告的“永动机”折腾了很久。我的学生们在见到这个东西后，纷纷开始怀疑我费尽口舌所证明的“永动机只是空想”的所有证据。那台永动机上来回滚动的球，带动着轮子不停地转动，而且，这些球还被轮子举上一定的高度，这些现象比任何证明都显得更加有力。起初，他们不相信这台机器是由发电厂提供的电流而带动的，不过，幸好那时的发电厂规定假日必须停止发电，我可以让学

生们在假日去看看机器。问题这才得到解决。

我问他们：“情况如何，看到那台永动机了吗？”

学生们纷纷涨红了脸，回答我说：“唔，没有。它被报纸遮住了，我们没有看见……”

我的工人学生们终于又重新相信了能量守恒定律，并且这种信任越来越坚定。

4.6“发脾气”

许多其他领域的学者也在“永动机”这个难题上耗费了大量心血，试图找到真正的答案。一位名叫谢格洛夫的西伯利亚发明家也是如此，后来，在谢德林的《现代牧歌》中，作者用“小市民普列森托夫”的名字代替了他，把采访他的情形作了如下描述：

小市民普列森托夫约莫35岁左右，面容消瘦，脸色苍白，一双深邃的眼睛，一头披肩的长发。他的房舍十分宽敞，只是几乎有一半空间都被一个大飞轮占据了，我们一行人只能仓促地挤在一边。这个巨大的轮子的轮缘用薄木板钉成，中间部分有许多轮辐。内部像个箱子一样，不仅是空心的，而且容积相当大。发明家的所有秘密也就在这个空心的部分里——这里

面装置着全部机械。不过，显然这装置并不十分精致，就像装满沙土的袋子一样保持着平衡。一根木棍穿过其中一条轮辐，使轮子得以停留在原地。

我开口说道：“听说您将永恒运动运用到实际中了，是吗？”

他的脸瞬间涨红了，支支吾吾道：“大概是吧……不知道该怎么说。”

“我们可以参观一下吗？”

“非常欢迎！十分荣幸……”

他带我们走到轮子一侧，然后绕着轮子转了一圈。这时我们发现，轮子前后的构造完全相同。

“它能转吗？”

“应该，好像可以。就是总爱发脾气……”

“能不能取下来那根木棒？”

普列森托夫把那根木棒拿了下来，但轮子依旧纹丝不动。

他加重了语气，“又发脾气！要推它才行。”

他整个儿抱住了轮缘，然后上下摇晃几次，最后用力一推，松开手——轮子转了起来。开始转得果真不错，既迅速又平稳；我们听见了轮缘内部的沙袋砸到横档上或者被抛开的声响；接下来，轮子越转越慢；轮轴上也开始吱咯作响，最后完全停止不动了。

发明家涨红了脸，向我们解释道：“它一定又开始发脾气

了！”然后跑过去重新摇动它。

然而，这次的情形同上次一模一样。

“是不是有什么摩擦作用被忽略了？”

“不会啊，已经计算摩擦了……摩擦算得上什么？这肯定不关摩擦的事……这轮子好像有脾气，一会儿高兴，一会儿又突然发火……固执又倔强——又完蛋了。要是能有真正的材料就好了，你看，这轮子只是用一些板子拼凑出来的。”

很显然，“发脾气”并不是问题所在，所谓“真正的材料”也不是罪魁祸首。这台机械的思想和原理本就是错误的。轮子虽然可以转上几圈，但只是受到这位发明家施加的外力作用——由推动力带来的外在能量；当这一能量被摩擦作用耗尽时，轮子必然会停下来。

4.7 蓄能器

关于“永恒运动”这一概念，如果我们只观察表象，就很容易产生极端错误的观点。“蓄能器”就可以很好地说明了这一点。1920 年，一种新型风力发电站得以建造出来，里面有一种廉价的“惯性”蓄能器，其构造上与飞轮十分相似。在一个真空的壳子里装有一只大圆盘，而圆盘能够可以

在滚珠轴上绕着竖轴转动。只要你设法让圆盘的转速达到每分钟 20 000 圈，它就能连续转上 15 个昼夜！那些粗心的人很可能通常只观察到圆盘竖轴的转动，以为它不需要没有外加能量也能不停旋转，而在这种情况下的话，人们就一定会以为所谓的“永恒运动”成真了。

4.8 “见怪不怪”

大部分痴迷于制造“永动机”的发明家，结果都十分悲惨。我认识一位工人，他几乎把所有收入和积蓄都用在了制造“永动机”模型上，可想而知，最终只能落得一无所有，彻底成了这一大空想的牺牲品。不过，即便他已经落入饥寒交迫、衣衫褴褛的地步，还是不断求人帮忙去制造那个“一定会动”的“最后模型”。最终，他失去了一切，而这实际上却只是因为他自身的物理知识不足，说来怎么都觉得十分沉痛。

不过有趣的是，虽然探究“永动机”明显不会有结果，但是，这种探究不可能之事的过程，往往却带来许多意想不到的发现。

16 世纪末期，荷兰著名数学家斯台文在讨论关于斜面上力的分解问题时，明确提出了永动机不可实现的观点和证据。这位学者理应享受更大的名誉，他的大量发现和贡献

至今仍为人们所用：最早将指数应用于代数学，小数的发现，流体静力学定律的发现（帕斯卡之后又重新发现了这一定律）。

他发现，这一斜面上的力量平衡定律，只是靠这幅复制图（图 46）而来，并不需要力的平行四边形法则。将 14 个等重小球均匀地用线穿成一串，挂在一个三棱体上，这串球会如何？挂在下面的那部分会自己平衡，那么上面的两部分会平衡吗？也就是说，左边四个球与右边两个球能保持平衡吗？显然会，如果不会的话，这串球就会不断地自右向左滑动，这个链子就会失去平衡，永远转动下去。然而，既然我们清楚这串球不会自己转动起来，那么这看起来就十分奇怪了：难道四个球的拉力与两个球的拉力相同？

图 46　“见怪不怪”

正是基于这一奇怪的现象，斯台文发现了一个重要的力学定律。链子的两段重量不同，长短也不同，而长的那一段和短的一段的重量比值，与斜面长边和短边的长度比值相等。这里就得出结果：如果用绳子将两个重物分别挂在两边的斜面上，当重物的重量与斜面的长度呈正比时，绳子就会静止不动。

在某些情况下，斜面上的短边刚好是竖直方向的，这就得到了一个著名的力学定律：要保持斜面上物体的平衡，就必须向竖直面的方向施加一个力，而这个力量和物体重量的比值应该与斜面高度和长度的比值相等。

因此，“永动机”无法实现的观点，竟然造就了力学上这样一个伟大的发现。

4.9 仍然关于“永动机”

我们从图 47 中看到，在几个轮子上套着一条沉重的锁链，而左边的部分显然没有右边的部分长。据此，发明家们得出结论：这个锁链一定会失去平衡，它的右半段会不断向下坠落，而锁链就会转动起来。是不是这样呢？

答案是否定的。从图中我们看到，右边的锁链很容易保持平衡，它的重力从各个角度被分解；与此同时，左边

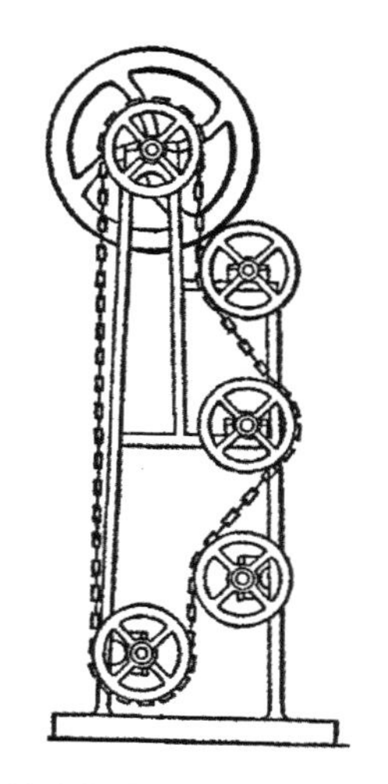

图 47　这台机器是否可以“永动”？

的锁链却保持垂直。与右边倾斜的锁链相比，虽然左半部分没有右半部分重，但并不会被拉动，所以永动机依旧没法实现。

还有一点，巴黎展览会上曾经展示过一些“更聪明”的发明。这些永动机由一个大大的圆轮和轮子中滚动的球构成。发明者信誓旦旦地向人群保证，声称没有人能阻止轮子的转动。游客们好奇地一次次试图阻止它的运动，但它很快又重新转了起来。人们并不知道，正是由于他们一次次的阻止行为才给轮子里的球带来动力，是他们自己的行为导致了轮子的继续转动。

4.10 彼得一世时代的永动机

得以保留下来的另一个永动机记录是彼得一世时代的经典事例。1715—1722 年间，彼得一世获得一台永动机，其发明者奥尔费列斯教授也因为他的“永动的轮子”而在德国名声大噪。他想把这项发明以高价卖给俄国沙皇。当时，彼得一世派遣图书管理员舒马赫去西方收集各种奇珍异宝，这位管理员就把他与奥尔费列斯的谈判内容呈报给了沙皇。

这位发明家要求一手交钱一手交货，即对方一旦支付 10 000 耶费马克（16—17 世纪在俄罗斯流通的一种德国、荷兰银币，1 耶费马克约等于 1 卢布），自己则立即提供机器。

据舒马赫所言，发明者保证自己的机器绝对真实可信，就算是有些恶意之人坚持这种永动机绝不可能实现，这些人也无法证明自己的观点。

1725 年 1 月，为了亲眼看看这台人尽皆知的神奇机器，彼得一世决定访问德国。遗憾的是，死神在这时夺走了这位沙皇的生命，使他的愿望落空。

那么，这位神秘的发明者到底是何许人呢？这台人人讨论的机器又是什么？我们将在这里一一揭晓。

奥尔费列斯，原名巴斯勒，1680 年生于德国，从事过医学、神学以及绘画的研究工作，最终开始研究并建造永动机。这个发明者是发明永动机的庞大队伍中最出名也最成功的一位。通过展览自己的发明，他获得了不菲的收入。直到 1745 年离开人世，这个发明家终年都在享受着无尽的幸福和荣誉。

附图 48 展示了 1714 年奥尔费列斯的永动机的具体情况。有一个巨大的转轮在不停地转动，同时还将一些重物举到了一定的高度上。

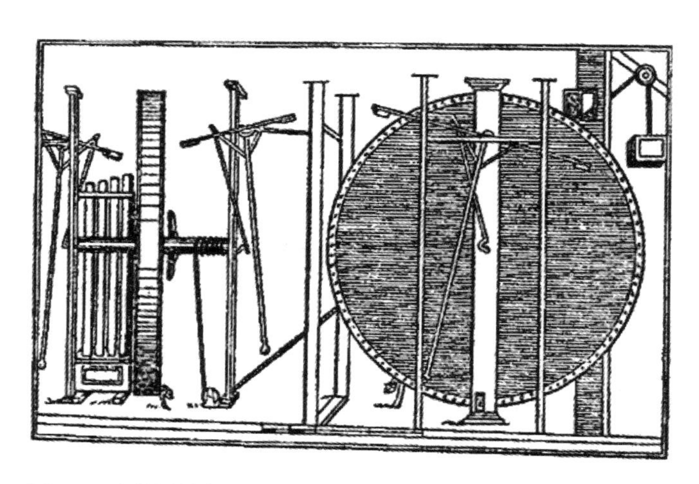

图 48　这就是彼得一世大帝一生都没能得到的由奥尔费列斯设计制造的“自发转动的永动轮”。（这张图来源于一张古画）

自这个发明家将这台永动机展示在市场上起，这个所谓“奇迹的发明”就在整个德国流传开来。这个教授也因此得到了强大的靠山。波兰国王对他产生了极大的兴趣，黑森卡塞尔州（现今德国的一个州）的伯爵为了让试验更顺利地进行下去，甚至不惜将自己的城堡赐予了发明家。

1917 年 12 月 12 日，一台与实验房间连为一体的永动机成功告世。自此开始，这间实验房就被严实地锁了起来，由两个侍卫看守着大门。直到 12 月 26 日禁令才解除，这期间的 14 天里，任何人都无法靠近这个放置着神秘转轮的房间。26 日当天，伯爵带领着侍员走进房间，惊奇地发现这个巨大的轮子依旧不紧不慢地转动着……即便是让这个轮子暂时停下来，细细观察就会发现，没多久它又开始重新转动。接下来的 40 天，房间又被重新锁起来，侍卫继续在门口看守着。直到 1718 年 1 月 4 日再次解除禁令，监察委员会才发现，这台巨大的轮子依旧还在转动！

对此伯爵感到十分满意。在此之后，第三轮测试也顺利完成了：人们又将机器整整封闭了两个月时间，而无论如何，一旦解除禁令期，人们就会发现，这台轮子依然转动如初！

伯爵因为这一重大发明而欣喜若狂，特将永动机发明权的官方证明赐予这个发明家。证明的内容如下：永动机每分

钟转动 50 圈，将 16 千克的物体举至 1.5 米高，同时引动打磨机床和锻造风箱运作。凭着这张官方证明，教授得以环游整个欧洲。假如他不是将这台机器转让给彼得一世，或许他所得的收入会超过 100 000 卢布。

这项神奇的发明以惊人的速度传遍德国，乃至欧洲各地，最终传到了彼得一世的耳朵里。这位对奇珍异宝极为热衷的沙皇顿时产生了浓厚的兴趣。

事实上，1715 年彼得一世外出进行各国访问时，这位教授的“永动的轮子”就吸引了他的目光。著名外交大臣奥斯捷尔曼被派遣前去调查这项发明的具体情况，随后又立即传送了关于求购永动机的相关文件和信息，尽管在此之前，他本人还尚未见过这台机器的真面目。彼得曾经还向奥尔费列斯发出邀请，希望他能以“杰出发明家”的身份前往他身边效力，而且还派遣罗蒙诺索夫的老师——哲学家赫里斯基·沃尔夫询问发明家的意见。

全世界都给予这位“著名”的发明家极高的赞誉和恩宠。甚至连诗人们都为他提笔撰写赞美诗，来纪念这个“伟大的轮子”。然而，许多持怀疑态度的人纷纷产生不满，开始试图揭穿这个精妙的骗局。一些有勇气的声音公开声明永动机纯属欺骗行为，大声斥责奥尔费列斯的行径，并悬赏 1000 马克奖励寻找可以拆穿骗局的人。我们从一篇关于揭

露骗局的抨击文中看到这样一幅画（图 49）。从图中可以看到，永动机之所以不停地运转，只是因为有一个人躲在机器背后不断地拉动绳子。按照揭露者的说法，这实际上正是永动机的全部秘密：这条绳子巧妙地绕过轮轴的某个位置，观察者如果不细细研究，根本无法发觉它的存在。

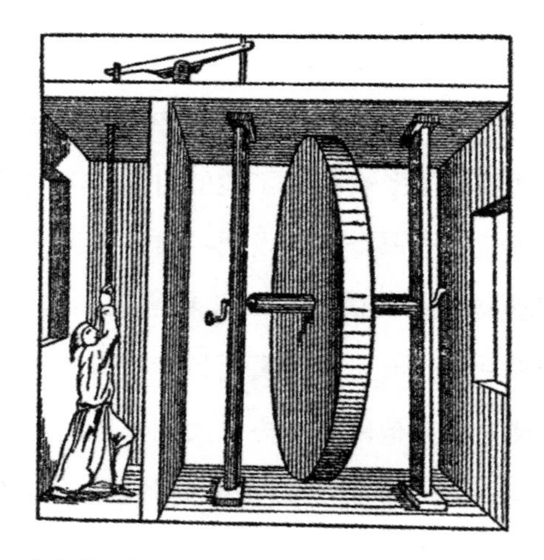

图 49　奥尔费列斯“自发转动的永动轮”真正隐蔽的秘密

揭穿这个骗局其实纯属偶然。这个教授曾经将这个秘密告诉给了自己的妻子，而之后的某一天他同妻子大吵了一架，这就导致了秘密的泄露。如果不曾发生这件事，或许到现在我们都还蒙在鼓里，还在为这个所谓的“奇迹”而争论不休。事实上，这个永动机之所以会转动，只是因为有人藏

在后面不停地去拉动细线而已。这个藏着的人就是发明家的仆人和兄弟。

发明家的骗局被揭穿了，然而到死他都坚持声称自己是受人污蔑的——他的妻子和仆人只是出于泄愤才故意有此报复行径。显然，他已经失去了人们的信任和尊敬。就算他一直向舒马赫——彼得一世的使臣——强调别人对他的污蔑和报复，强调“世界上到处都是顽固不化的恶人”，也只是徒劳无功而已。

彼得一世时期还有另一台著名的永动机。这项杰作的发明者叫作格特聂耳。关于这台机器，舒马赫曾经记载道：“在德累斯顿的时候，我见到了格特聂耳先生的机器‘perpetuum mobile’草图。这个机器的形状像一个磨刀石，内部填满了沙子。它不断地前后运动着，然而，动作幅度却很小——发明家先生声称这是必要条件。”毋庸置疑，这机器绝不是什么真正的“永动机”，顶多只是个费尽心计暗藏某个机关的机械装置而已。舒马赫对彼得一世说过：“不管这些机器被吹捧得多么神乎其神，明智的英国和法国学者们才不会理会呢——他们知道，那是违背数学规律的事情。”显然，舒马赫的话完全正确。

CHAPTER 5

第五章

液体和气体的性质

5.1 两把咖啡壶的题目

图 50 上有两把粗细相同的咖啡壶，不过，左边的咖啡壶比右边的更高。那么，哪一个可以盛更多的液体呢？

图 50　哪个咖啡壶可以盛更多的液体？

一定会有不少人脱口而出，能盛更多液体的肯定是高的咖啡壶呀。然而，如果你亲自试一试就会发现，你往高壶里倒入液体，液体也只能盛到壶嘴的高度，再多就会从壶嘴里溢出来。现在再看图 50，这两把壶虽然一高一低，但壶嘴都在同一高度上，所以，高壶和低壶所能盛的液体量其实是一样的。

这其实是很简单的道理：咖啡壶的壶嘴与壶身就相当于一个连通器，虽然壶身盛的液体比壶嘴里的要多很多，但里面的液体都是在同一个水平面上。如果一个咖啡壶的壶嘴太低，它就不能盛满液体，因为一旦液体的平面超过壶嘴，就会从壶嘴溢出去。通常来说，所有水壶的壶嘴都会略高于壶顶，这样的话，即使壶身略有倾斜，水也不会往外溢。

5.2 古人不知道的事

由古罗马时期的奴隶所修建的水道，至今罗马当地的居民仍在使用——可见古人修建得该有多坚固。

然而，如果从罗马工程师的知识度来看，就不能这样评判了：这项工程的领导者显然在物理学知识方面十分匮乏。我们来看古书中记录的图 51。这些水道高高地架设在石柱之上，而并非在地底下，为什么不把这些管子像现在一样埋在地下，却要这样构建呢？当然，那时候的工程师还想不到现今这种省事的办法，他们对连通器原理的认识都极为模糊。我们知道，用各种管子连接在一起的水池，各个池子的水面不在同一高度上。如果把管子埋在高低不同的地下，那么有些地段上管子里的水就会往上流——古罗马人却十分担心水不会往上流。所以，他们将所有的长管子通通做成往

下倾斜的，而为了满足这一点，有些管子就不得不用高高的石柱架起来，甚至绕好几个弯。在古罗马的水道中，有一条叫作阿克瓦 · 马尔齐亚的水道，全长竟达 100 千米，而其两端的直线距离仅为全长的一半！可见古人对物理知识的匮乏造成了多大的工程浪费啊！

图 51　古罗马修建的水道原形

5.3 液体会向上加压！

即便是没学过物理学的人也都知道，液体会向容器底部加压，会向侧壁加压，但是，许多人都没想到，液体也可以向上施加压力。实际上，要想证明这种压力的存在，我们只需要一个普通煤油灯的灯罩就可以了。找一块厚纸板，剪下

一个略大于灯罩口的圆片，然后将它按在灯罩口上，把灯罩倒转过来放入水中（如图 52 所示）。为了防止纸片脱落，也可以在纸片中心穿一根细线，从灯罩中引过来，用手拉着线。待灯罩慢慢地深入水下到达一定高度时，纸片就会自己附着在灯口上，不需要再拉线了：正是水对纸片向上施加的压力，使得纸片不会掉下去。

图 52　证明液体从下往上施加压力的实验

不仅如此，这个向上压力的大小也可以测出来。方法很简单，你往灯罩里缓慢地倒水，直到水的高度与灯罩外容器的水面接近时，纸片就会松开灯罩口了。也就是说，纸片上面的水向下施加的压力，与纸片下面的水向上施加的压力几乎相等，纸片在水中的深度与灯罩里水柱的高度也相同。这正是液体对所有浸入其中的物体作用的压力定律。著名的阿

基米德原理也正是由此产生，也就是物体在液体中“失去”的重量。

找几个形状不同但容器口大小相同的容器，我们可以继续做一次实验。这个实验可以证明另一个定律：影响液体对容器底部施压大小的因素，与容器的形状无关，只与容器底部面积和水的高度有关。我们可以这样做：用与上面相同的方法依次对不同形状的容器进行实验，先在每个容器的同一高度上做上标记，然后把每个容器浸入到这个深度。这时你就会发现，每个容器里的水一旦到达同一个高度，纸片就会脱离容器口（图 53）。需要说明一点，这里要注意的是高度而并非长度，如果是长而倾斜的水柱与短而竖直的水柱相比，只要水面高度相同，那么，在底面积也相同的情况下，两者对容器底部施加的压力也是相同的。

图 53　表明这一定律的实验方法：影响液体对容器底部所施压力的大小，只与容器底部面积和水的高度有关

5.4 天平的哪一端更重？

如图 54 所示，天平的一端放着盛满水的水桶，另一端放一个完全一样的水桶，同样也装满了水，只是水上漂浮着一块木头，此时天平会往哪边倾斜呢？

图 54 天平两端放着两只完全一样的装满清水的桶，只是有一只桶里漂浮着一块木头。哪边更重一些呢？

我曾经问过很多人这个问题，得到的答案却不尽相同。有人认为天平一定会向浮着木头的那边倾斜，因为“桶里多了一块木头，重量加大了”；而另一些人认为天平会向另一端倾斜，因为“水的重量大于木头的重量”。

很显然，这两种答案都是错误的——天平会保持平衡，天平两端一样重。右边那个桶里的水肯定比左边的要少，因为漂浮的木块挤掉了一些水。浮体定律告诉我们，浮在水里的物体，浸入水中那一部分的重量与排出水的重量相等。由此可知，天平两边的重量是相等的。

现在，我来问你另一个问题。假如我在天平的一端放上半杯水，旁边放几个砝码，然后在另一端加上砝码，直到天平保持平衡。现在，我将那半杯水旁边的砝码投进杯子里，这时候，天平会发生倾斜吗？

由阿基米德原理可知，砝码在水外时的重量要大于在水中的重量，由此看来，天平就会向没放杯子的那端倾斜了，但事实上，天平仍然会保持不动，为什么呢？

当我将砝码放入杯子里时，杯里的水位就会上升，而杯底所受到的压力也会随之增加，这样的话，砝码在水中失去的重量就与杯底增加的压力相互抵消了。

5.5 液体的天然形状

通常人们都认为，液体是没有固定形状的。实际上这种观点并不正确。所有液体都有其固有的天然形状——球形。我们之所以看不到，是因为它通常会因为重力作用而无法保持球形，所以，如果不把它放在容器里，它就会呈薄流层往四下散开，如果将它放入容器里，它就会变成容器的形状。假设我们把一些液体放入比重相同的另一种液体里，依据阿基米德原理，它的重量就会“失去”：此时，重力已经不起作用了，它就好像一点重量也没有了——在这种情况下，

它就会显现出天然的球形来。

把酒精和橄榄油分别放入水里，前者会沉下去，后者会浮上来。所以，我们可以用酒精和水混合成一种精油，让橄榄油能够悬浮在这种混合液体中。用注射器往这个稀酒精液里注入少许橄榄油，奇怪的情形出现了：这些油竟然凝聚成一个很大的油滴，一动不动地悬浮在那里，既不往下落，也不往上浮（图 55）[1]。

需要注意的是，在做这个实验时一定要动作缓慢、小心，否则就不是一个大油滴，而是几个分散的小油滴了。不过，即使是一些小油滴，也很有意思。

这时，我们还要将实验继续进行下去。用一根细长的金属丝（或者木条）穿过这滴油的中心，然后轻轻旋转。我们会

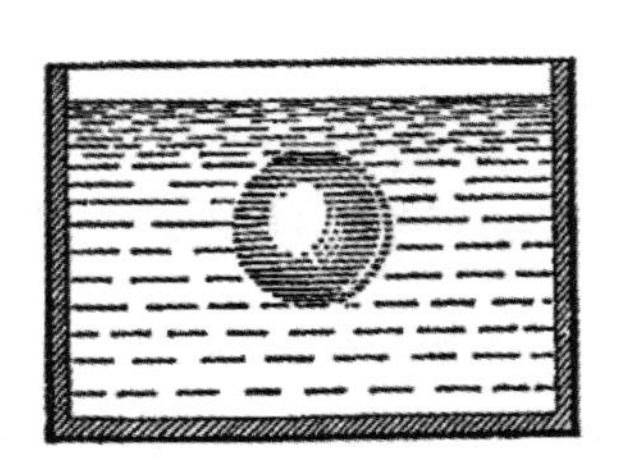

图 55　在稀酒精液里凝聚成一个大油滴，悬浮在液体中间（普拉图实验）

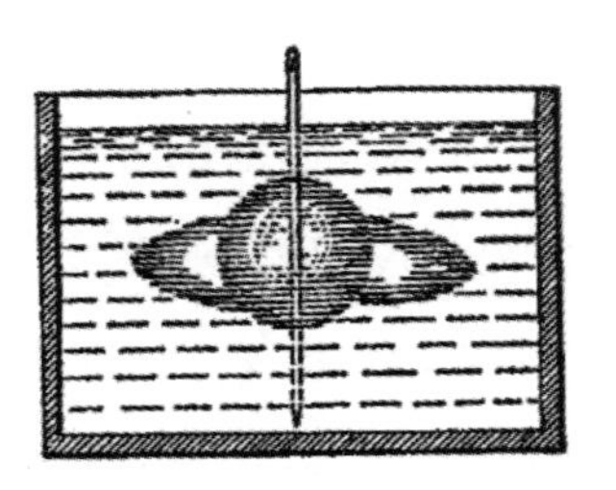

图 56　在油滴中心插入一个细长条，旋转油滴，就会分裂出一个油环来

[1]　实验应该选择有平壁的容器，以免油滴的球形发生歪曲。

发现，这滴油也随之旋转起来。（在进行这个实验时，如果能在金属丝上插上一片浸过油的圆纸片，并让它全部放入油滴里，效果会更完美。）在旋转力的作用下，这滴圆球会不断变扁，然后就甩出了一个圆环。接着这个圆环会继续分裂，变成许多球形的小滴，而这些小滴会围绕着中央的油滴继续旋转。

最早进行实验的是比利时著名物理学家普拉图。以上所说的正是普拉图操作实验的具体方法。当然，现在我们的方法可以更简便，而且同样有趣。具体步骤如下："取一只小玻璃杯，用清水洗净，倒入橄榄油，然后把这只小杯放进另一个大玻璃杯中；再小心地将酒精注入大玻璃杯中，让整个小杯都浸在酒精里。接下来，用一只汤匙沿着大杯壁缓慢且小心地倒入一些水。这时候，小杯中的橄榄油就会慢慢向上凸起；等注入的水到了足够的分量时，橄榄油就会完全脱离小玻璃杯，形成一个大圆球，从杯里升了起来，悬浮在大杯的混合液中（图 57）。"

图 57　简化的普拉图实验

如果没有酒精，也可以用苯胺代橄榄油。苯胺在常温下要比水重，但到了75℃～85℃时，就会变得比水轻。所以，一旦我们把水加热到一定的温度，苯胺就可以悬在水中了，而它在这时也会变成球形。如果条件只允许我们在常温下进行实验，那么可以用适当浓度的食盐水来代替清水，这样苯胺也能够悬在盐水中[1]。

5.6 铅弹为什么是圆形的?

之前我们说过，排除重力的作用，所有的液体都会呈现出它的天然形状，也就是球形。我们也知道，自由下落的物体会失去重量（这一点在前面的章节里做了说明），那么在液体下落的初始瞬间，假定可以忽略空气阻力的因素，可想而知，液体此时也一定会是球形的。实际上，下落的雨滴确实是球形的[2]。铅弹的制法也正是依据了这一原理：它由熔化的铅冷凝而成——熔融的铅滴从高空中落入冷水里，凝

---

[1] 也可以用对甲苯来进行实验。对甲苯是一种暗红色的液体，当它达到24°C时，其密度就接近于盐水的密度，这时可以将对甲苯加入盐水里。

[2] 下落的雨滴。雨滴在下落的最初瞬间与自由下落的物体相似，落下第一秒内的后半秒钟，下落变成匀速运动，雨滴自身的重量与空气阻力相互抵消了，随着雨滴下落速度的增大，空气阻力也会增加。

固成一个个的球状物。

这种制作铅弹的方法被称为“高塔法”，因为它的下落点位于高塔的顶端（图 58）。这个高塔，实际上是一个高达 45 米的金属建筑，建筑顶端筑有一个熔铅炉，下面是一个巨大的冷水槽。熔化的铅液在下落的过程中就已经凝固成球形了，而水槽则用来减轻落地时强烈的撞击力，以免破坏它的形状。当然，制成铅弹还需要最终的精选加工。（此外，直径大于 6 毫米的铅弹则是用另外的方法制成的——将金属丝切成小段，然后再碾压成一个个球形。）

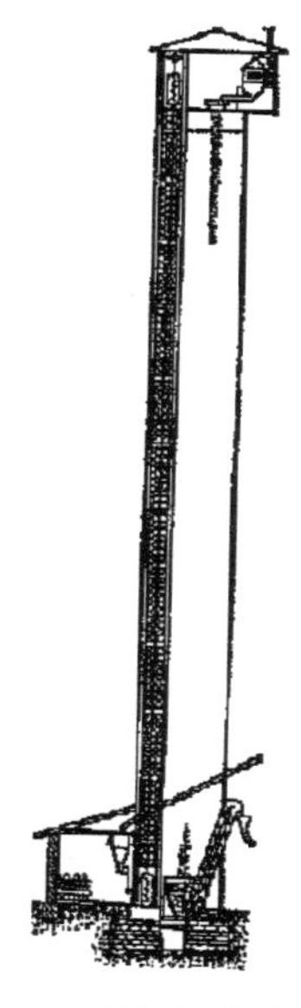

图 58 制作铅弹的高塔

5.7“没底”的酒杯

你往杯子里倒满水，几乎快要溢出来了。杯子旁放着一堆大头针。试试看，杯子里还能再放入一两枚大头针吗？

你捏起大头针，小心翼翼地投入杯子里——轻轻地把针尖放入水中，然后放开手，让它自己落进去。就像这样一枚一枚投进去，数着你投了多少枚。动作一定要轻柔，不能有一点震动和压力。你投了 1 枚，2 枚，3 枚，杯底已经有 3 枚大头针了——水面依旧纹丝不动。你继续投，直到 10 枚，20 枚，30 枚，水面依然没有变动。你接着放入大头针，直到杯里已经堆了整整 100 枚了，杯里的水也丝毫没有溢出来（图 59）。

图 59　奇妙的加针实验

不仅没有溢出水来，甚至连水面都没有明显凸起的迹象。如果我们继续往里面加入大头针，200 枚，300 枚，400 枚……所有的大头针都沉入杯底了，杯口的水依旧没有溢出来；不过现在我们发现，水面已经略有凸起，比杯口稍稍高一点了。这就是这一奇怪现象的解答点——凸起的水面。通常来说，玻璃上一旦沾有一点污渍，就很难再沾水；我们的杯子也跟其他容器一样，杯口边缘难免会因为手指的接触而留下一些污渍。既然杯口处很难沾水，那么，大头针所排出的水就只能往上凸起而不能溢出来。这个凸起的程度十分不明显，不过，要计算一枚大头针的体积也不难，将这个体积与凸起部分的体积相比就会发现，大头针只占据了凸起部分体积的几百分之一，由此可见，这个装满水的杯子自然可以容纳几百枚大头针。杯口越大，杯子里就可以放入越多的大头针，因为越大的杯口，凸起部分的体积也就越大。

为了更清楚地了解这个现象，我们来进行一项计算。一枚大头针的长度约为 25 毫米，粗 0.5 毫米。根据圆柱体的体积公式（$\frac{\pi d^2 h}{4}$），很容易就可以算出，这部分的体积为 5 立方毫米。加上大头针顶端的“头部体积”，总体积约为 5.5 立方毫米。

接下来计算杯口凸起部分的体积。假设杯口直径为 9 厘米 = 90 毫米，杯口的圆面积也就是 6400 平方毫米。假设凸

起水层的厚度为 1 毫米，其体积就大约为 6400 立方毫米。这个体积相当于一枚大头针体积的 1200 倍。也就是说，我们可以往一个装“满”水的杯子里投进一千多枚大头针！而且，只要你耐心且仔细地将千枚大头针一个个地放进去，甚至整个杯子都装满了大头针，杯里的水也不会溢出来。

5.8 煤油的奇异特性

用过煤油灯的人几乎都有过这种体验：你刚刚把煤油灯加满煤油，而且也擦干净了灯的外壁，一个小时过去后，你会莫名地发现，灯的外壁又附着上一层煤油。

这一情形表明了煤油的一种特性——“爬行”。事实上，你并没有拧紧煤油灯灯口的盖子，于是煤油就会沿着玻璃表面四处流散，自然就会流到灯的外壁上去。想要避免这种麻烦也很简单——你只要尽可能地拧紧盖子[1]。

正是因为煤油的这种“爬行”特性，那些使用煤油或石油做燃料的轮船就会十分麻烦。如果措施不够完善的话，这种

[1] 在扭紧瓶盖之前，先查看容器里装入的煤油是否太满。因为煤油受热后的膨胀程度十分明显（温度每增加 100°C，体积就会增加原来的 1/10），所以必须要留出一些空间以供煤油有膨胀的空间，不能装得太满，否则容器会胀破。

轮船就根本没法运输货物，只能运输煤油或石油了；这些燃料会透过各种隐形的缝隙“爬”出来，不仅会使整个油箱的外壁都流满了油，而且还会四处渗开，甚至连乘客都难逃此劫。而对付这种恶作剧所做的种种尝试，往往都是毫无效果的。

在詹罗姆（英国幽默作家）一篇娱乐性质的中篇小说《三人同舟》中，有一段关于煤油的描写，他的描述并没有过分夸张的地方：

还有什么能比煤油更喜欢拼命往四处渗开吗？我们明明把它装在了船头，它竟然偷偷溜到了船艄上，还在整条道路上铺满了它的足迹。它渗透了船身结合处的每一个缝隙，落入了水里，飘散在空中，还残害了生命。时而北方也会刮来阵阵煤油风——这风真是新奇啊；时而也会有风从南方吹来，然而，无论它从东西南北哪个方向吹来，总是带着一股浓厚的煤油气息。日暮黄昏之时，天空的奇观也被这种气息吹淡了，而原本皎洁的月光，也被沾染上浓厚的煤油味……我们把船儿停泊在桥边，上岸去城里散散步——但是身后却紧紧跟随着这阵令人厌恶的气味。整个城市仿佛都笼罩在这片乌烟瘴气下[1]。

[1] 实际上，这只是因为旅客们的衣服上沾染了煤油而已。

煤油这种“四处爬行”的特性，常会让人们认为：煤油之所以会布满容器外壁，是因为它可以穿透玻璃或金属——这自然是种十分荒谬的想法。

5.9 不沉的铜圆

童话里常常出现铜圆浮在水面上不往下沉的现象，在实际生活中，这是可以实现的事。几个简单的实验就可以证实这一点。我们先从最细小的缝衣针开始。看起来好像无法让一根针浮在水面上，但其实这并不是什么难事。在水面上放一张薄纸，把一枚干燥的针放在纸上；接下来用另一根针轻轻地将薄纸往水下压，从纸的两边开始压，慢慢到纸的中心，直到整张纸全部浸湿了；这时，纸就会自己沉入水里，而针呢，则留在了水面上（图 60）。你甚至还可以拿一块磁石，在杯子外面靠近水面高度的地方来回移动，针也会随之在水面上移动。

练习到一定程度后，不需要薄纸片你也能让针浮在水面上：用手指捏住针的中间部位，然后在靠近水面时轻轻地水平放下，这就可以了。

当然，缝衣针也可以用其他小巧的平面形状的金属物代替，诸如大头针（小于 2 毫米粗）、纽扣等等。当你操作熟练以后，就可以试试铜圆了。

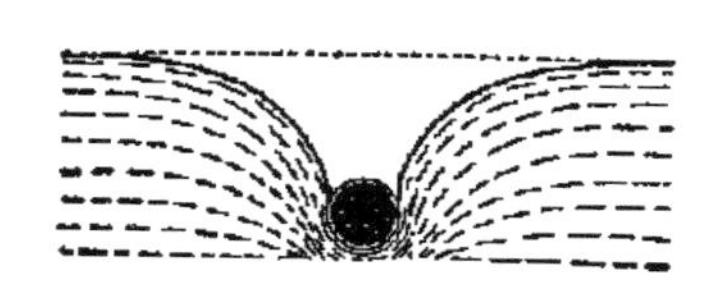

图 60　针浮在水面上。上图，针的切面（2 毫米粗）和凹下去的水面（放大至实际大小的 2 倍）；下图，利用薄纸让针浮在水面上的方法

这些平面状的金属物之所以可以浮在水上，是因为这些物件在我们手里沾上了一层薄薄的油污，而这就会让它们很难沾上水。出于这一点，当针在水面上漂浮时，针的四周就会形成一个向下凹的面，有时我们甚至可以清晰地看到这个凹面。此时，水（液体）的表面试图恢复之前的平面，因此，凹面处就会对针产生由下而上的压力，这种力支持着针不会沉下去。另外，液体的排斥力作用也让针不会沉下去，由浮体定律可知，水施压于针的排斥力量（针所受的浮力），与它所排的水的重量相等。

有一个最简单的方法可以让缝衣针浮在水面上：提前是在针上涂一层油。这样的话，即使你直接把针放在水面上，它也不会往下沉。

5.10 筛子盛水

筛子可以盛水吗？这种事并不只是童话故事。从物理学的角度出发，我们的确可以做到这件看似神奇的事。用金属丝自制一个筛子，直径为 15 厘米左右，筛孔也不用特别小（大约 1 毫米就可以），然后把筛网浸入已熔的石蜡中，片刻之后再拿起来，筛子上就附着了一层薄得几乎看不到的石蜡。

此刻，筛子上那一个个可以穿过大头针的孔依旧存在，但现在筛子已经可以盛水了——而且可以盛不浅的水层。筛子里的水丝毫不会漏出来，只要你注意不要让筛子受到震动，盛水时多加小心就可以。

那么，水之所以不会漏出筛子，是因为筛子里的石蜡不会被水浸湿。当筛子盛水时，每个小孔处就形成了凹下去的薄膜，阻止水从小孔中流出去（图 61）。

如果现在将这个筛子放在水上，它也会停留在水面上。看来，浸过石蜡的筛子不仅可以盛水，还能浮在水面上。

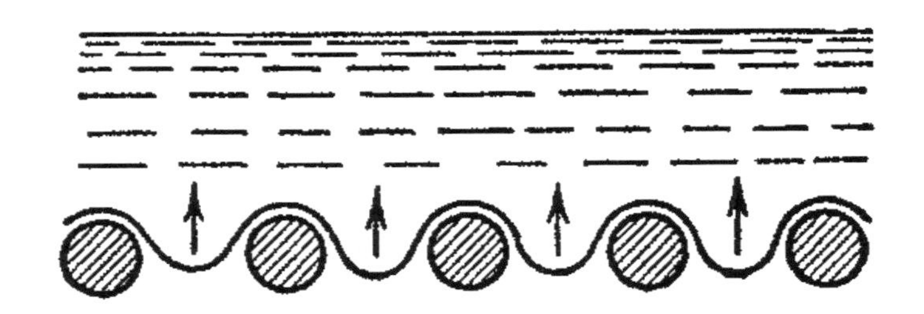

图 61　筛子里的水为什么不会从筛孔里漏下去?

生活中还有许多最普通常见的现象我们从未细想过，而其中的道理都能通过这个实验做出解释。在套管和塞子上抹油，在木桶或小船上涂松脂，在所有想要其不漏水的物体上喷油漆，以及在织物上涂橡胶——所有这些都是为了同一个目的，只是方才筛子浸石蜡的情形显得更特殊而已。

5.11 泡沫替技术服务

之前所做的关于铜圆和针漂浮的实验，同矿冶工业中从矿石里提炼有用矿物的方法十分相似。有许多方法可以选矿，这里我们讲的是最为有效的一种——“浮沫选矿法”。即便有些任务用别的方法无法做到，也可以通过这种方法来完成。

这种“浮沫选矿法”的具体情形如下：将轧成碎末的

矿石放进一只盛有水和油的槽里，槽里的油具有一种特性，可以让有用矿物粒子外面附上一层薄膜，使其不沾水。不断搅动这通混合物，它的内部就会产生大量微小的气泡——泡沫。附有薄膜的有用矿物粒子一旦接触气泡的薄膜，就会附着在气泡上，跟随气泡往上升（图 62）。其他无用的粒子没有油膜，因此也就会继续留在液体里，不会附着在气泡上。这里需要注意，与有用矿物粒子的总体积相比，气泡的总体积要大很多，所以这些气泡可以将固态的矿物粒子带上去。之后，所有的有用矿物粒子几乎都附着在泡沫上，浮到混合液的表层上来。刮下来这些泡沫，再进行加工处理，最后得到的有用矿物就会远远超过原始矿石所含的量。

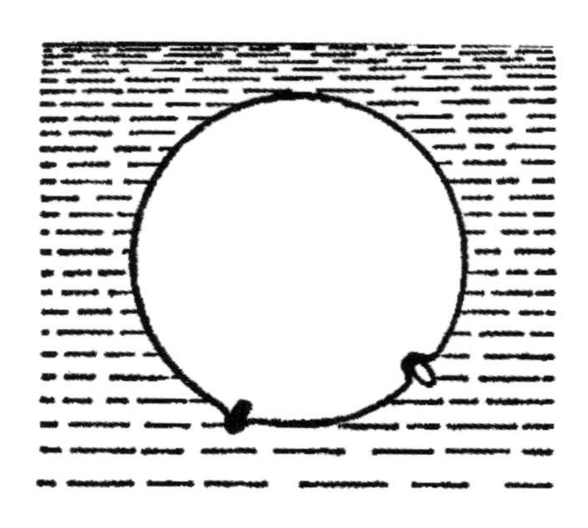

图 62　浮沫选矿法的原理

现如今，浮沫选矿法的技术已经有了很大的提高，只要我们选择的液体合理，就可以从任何成分的矿石里提炼出有用的矿物粒子来。

虽然这种选矿法已经在工业上得到了广泛应用，但在物理领域还没能解释得足够通透。因为就这件事来看，实践是先于理论出现的。这种选矿法是基于对事实的仔细观察而产生的，并不是单纯从理论知识上产生的。浮沫选矿法的发展要追溯到19世纪末期：当时有人在洗涤用来装黄铜矿的麻袋时，发现肥皂泡会将麻袋上的黄铜矿细屑吸过去，然后一起浮上来。

5.12 想象的“永动机”

来看图63，在许多提及“永动机”的书中，以下这种常被看作真正的“永动机”：一个盛有水或油的容器，其中的液体可以通过一批灯芯被吸入上一层容器中，再通过第二批灯芯被吸入更高一层的容器；这一层容器有一个出口，可供液体流出去，流下去的液体刚好又推动下面一个叶轮的转动。之后，下面的液体又被灯芯重新吸入上一层容器中，而最上面的出口也会有液体不断往下流，不断推动轮子转动，永动机就此形成了……

图 63　无法实现的转轮

然而，如果真的花费一番功夫把这个机器制造出来，制造者一定会十分失望：这种机器的轮子不但不会转动，甚至连一滴油也无法吸到最上层的容器中去！

实际上这个道理很简单，根本无需大费周章地制造轮子。制造者为什么会认为液体被灯芯吸上去后还能流下来？如果液体能够沿着灯芯往上升，那么毛细作用显然超过了重力，依据这一点，灯芯上的液体也就不会再流下来。好，退一步来说，就算液体可以在毛细作用下被送往上一层容器中，那么，灯芯也会把液体再送回下面的容器中去。

说到这里，我想起了另一架四百年前（1575 年）的水力机：这是由意大利机械师斯脱拉达 · 斯泰尔许发明的“永恒运动”的机器（见图 64）。一个螺旋排水机将水送往上面

的水槽里，然后再从槽的流出口流下来，冲下来的水推动一只水轮（图 64 右下侧）的转动。水轮的转动带动了一组齿轮的转动，进而推动螺旋排水机将水继续提升到上面的槽里，同时也带动了磨刀石的运作；简单来说，就是螺旋排水机带动水轮，而水轮又推动螺旋排水机……如果这类机器能够实现，那么完全可以有更简单的方法：在一个滑车上绕一根绳子，将两个同样重量的砝码系在绳子的两头，当每一头的砝码下落时，另一个就会被拉上去，而当这头落下来时，先前的那头又被拉了上去。这难道不是一种“永动机”吗？

图 64　古人设计的水力“永动机”带动磨刀石运作

5.13 肥皂泡

你吹过肥皂泡吧？不要说这件事情实在太容易了——原先我也是这么认为的，但事实证明，要想把肥皂泡吹得又大又好看，这的确需要某些技巧，也着实是一门艺术。不过，吹肥皂泡这种事情，有什么值得研究的地方？

的确，这件事在生活里发挥不了什么作用，也很难吸引我们的兴趣去大肆谈论；然而，它却吸引了物理学家的注意。学者们说："试着吹一个小小的泡泡，然后仔细观察：它所包含的物理学知识，完全够你花上一辈子的时间来研究。"

那么，肥皂泡究竟包含了哪些知识？比如，物理学家们通过泡泡表面上变化多姿的色彩，可以测量出光的波长；通过看似脆弱娇柔的薄膜的张力，可以推动对分子力作用定律的研究，也就是内聚力——如果没有这种内聚力，这个世界就只剩下微尘了。

不过，我在此提出以下几个实验，当然不是为了分析这些任重道远的大问题。我只是为了让你对肥皂泡艺术有个浅显的认知，而后进一步了解相关的有趣知识。波依斯在《肥皂泡》一书中，详尽地讲述了有关各种肥皂泡实验的具体过程。在这里，我们挑选几个最简单的来看。

我们可以用最普通的洗衣皂溶液[1]吹出泡泡来，不过，对于那些真正感兴趣的人，我会推荐他使用杏仁油肥皂或者橄榄油，因为这两种肥皂最容易吹出漂亮的大泡泡。取一杯干净的冷水（雨水或雪水更好，如果没有，至少也要是冷却的开水），在水中放入一小块这种肥皂，让它在水中慢慢溶化。如果你希望吹出的泡泡可以保持更长时间，那么再往肥皂液里加入 1/3（依容积计）甘油。现在，用茶匙轻轻刮去溶液表层的肥皂沫，然后拿一根细笔管，用肥皂将管子一端里外两面都擦一遍，再放进溶液中去。细麦秆（10 厘米左右长）也能达到同样的效果。

现在就可以吹肥皂泡了：将沾了肥皂的那端竖直放入溶液中，使管口处附上一层膜，然后拿起来轻轻地吹。我们吹进肥皂泡里的空气是从肺部呼出的暖气，通常比外部房里的空气更轻一些，所以吹出来的泡泡都会往上升。

如果一次性可以吹个直径 10 厘米大的泡泡，就说明我们配制的溶液没问题了；否则还得继续往溶液里加肥皂。不过这并没有结束，等吹出泡泡后，用手指蘸一些肥皂液，然后去戳泡泡，如果泡泡没有破裂，我们才可以继续下一步的实验；如果破了的话，同样，还得再往溶液里加些肥皂。

[1] 洗脸的香肥皂不太适用。

做实验时一定要耐心、仔细。确保实验环境光线充足，否则的话，我们就不能看到肥皂泡上的虹彩。

以下就是几个关于肥皂泡的有趣的实验：

花朵四周的肥皂泡：拿一只茶具托盘或是大盘，倒入一些肥皂液，大约倒两三毫米厚；将一个小花瓶或一朵花放在盘子的中心，在它上面盖一只玻璃漏斗。接下来，慢慢地揭开漏斗，从开口处伸入一根细管，然后往里面轻轻吹——这时，一个肥皂泡就吹出来了；等这个肥皂泡吹到一定大小后，稍稍倾斜漏斗（如图 65 右上所示的情形），让肥皂泡能够从漏斗下

罩在花朵上的肥皂泡

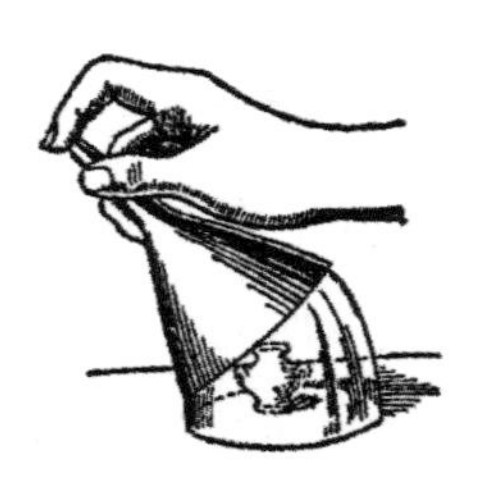

花瓶包裹住的肥皂泡

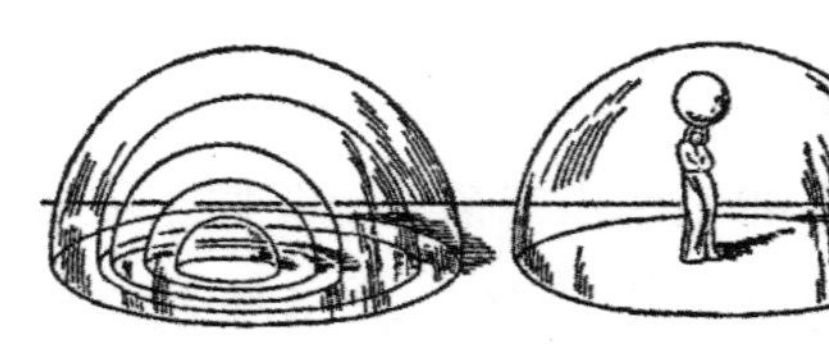

一个套另一个的肥皂泡　大肥皂泡里石像顶上的小肥皂泡

图 65　关于肥皂泡的实验

面的空隙露出来。这样，这个小花瓶或者这朵花就被一个透明的、闪烁着各种虹彩的半圆肥皂泡罩在下面了。

不仅可以用花瓶和花朵，如果你有小型的石膏人像，也可以完成方才的实验（图 65 右下）。你要先往石膏人像头上滴一些肥皂液，等你吹出大肥皂泡后，就可以把管子伸进大肥皂泡膜里，然后在人像头上吹出小肥皂泡来。

一个肥皂泡套在另一个肥皂泡上（图 65 左下）：我们用刚才那个漏斗吹出一个大大的肥皂泡，然后把整个细长的管子浸入肥皂液中，让它全部蘸上肥皂液，当然，含在嘴里的那部分除外。现在，小心翼翼地将这根细管插入大肥皂泡中，直至泡泡的中心，再小心地往外抽，停在靠近大肥皂泡薄膜的地方，开始吹第二个泡泡。接着再往这个泡里吹下一个泡泡。

用肥皂膜制作圆柱体（图 66）：首先要用铁丝制成两个圆环。取出一个环，将吹好的肥皂泡放在环上，再用另一个环蘸取肥皂液，轻轻放在方才那个环的肥皂泡上面。现在，慢慢往上提这个环，肥皂泡就被拉长了。当你把肥皂泡拉成圆柱形时就停止动作。这里有一件好玩的事，如果你把上面这个环提到大于圆环圆周长的位置上，这个圆柱的一半就会开始收缩，另一半开始变宽，最后就形成了两个独立的泡泡。

图 66　制作圆柱形的肥皂泡

图 67　肥皂泡薄膜排出空气的情形

肥皂泡的形成离不开薄膜所受的张力作用，同时，这种张力还会向泡泡里的空气施加压力。如果你在有肥皂泡的漏斗口附近放一个燃烧的蜡烛，你就会发现这个薄膜的张力是不容忽视的，蜡烛的火焰会明显地往旁边倾斜（图 67）。

还有另一个关于肥皂泡的有趣现象：当你把肥皂泡从寒冷的地方带到温暖的地方时，它的体积就会膨大。相反，你把它从热的房间带到冷的房间，体积就会缩小。这自然是由泡泡内部空气的热胀冷缩引起的。如果周围空气是 −15℃，泡泡的体积就是 1000 立方厘米，而当它转移到零上 15℃的地方时，体积就会增加 110 立方厘米：

$$1000 \times 30 \times \frac{1}{273} \approx 110 \text{ 立方厘米。}$$

另外还有一点，人们通常都认为肥皂泡太容易“寿终正寝”，而这一点并不完全正确。假设我们有条件给予它合适的照顾，它的寿命甚至可以达到几十天之久。因研究液化空气而著名的英国物理学家杜瓦，曾经在一个特制的瓶子里保存过肥皂泡；这个环境阻止了所有灰尘，排除了一切干燥和空气振动，而肥皂泡就得以保存了一个月时间甚至更久。曾经有人用玻璃罩为肥皂泡创造了良好的保存环境，而它竟然就“活了”好几年。

5.14 什么东西最细最薄？

大多数人可能并不知道，人眼能观察到的最薄最细的物体就包括肥皂泡的薄膜。通常我们形容一样东西很薄很细，会用“像一张纸那样薄”“像头发丝那样细”之类的词句，但是，如果把肥皂泡的薄膜拿来比较的话，那些用作比喻的东西就完全不值一提了。薄纸或头发的厚度是肥皂泡薄膜的整整 5000 倍！如果把一根头发丝放大 200 倍，大概就会有 1 厘米那么粗，如果把肥皂泡薄膜的横截面放大至 200 倍，肉眼却仍旧很难看清楚。要把它在此基础上继续放大 200 倍，才

能看见大约一根细线的粗细；如果把头发丝再放大个 200 倍（一共放大 40 000 倍），它就变成 2 米粗了！图 68 清晰地为我们展现了这种关系。

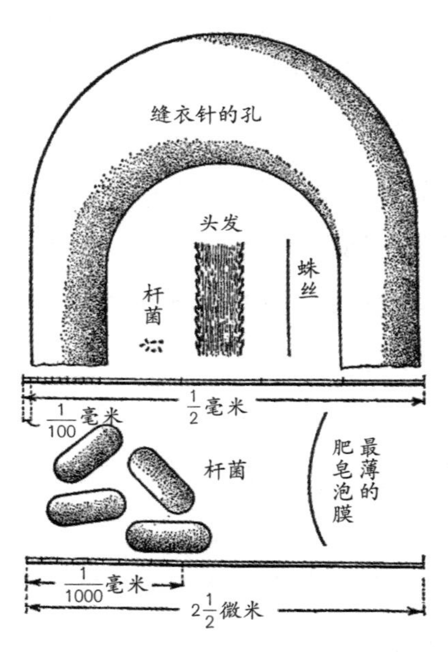

图 68　上：放大 200 倍的缝衣针的孔、杆菌、头发和蛛丝。
下：放大 40 000 倍的杆菌，最薄的肥皂泡膜

5.15 如何从水里拿东西不湿手

拿一个平底的大盘子，里面放上一枚铜圆，再倒上水淹没铜圆。接下来，要求你用手把盘子里的铜圆取出来，条件

是手不许被水沾湿。

看起来这是不可能完成的任务，实际上，解决这个问题只需要一个玻璃杯和一张点燃的纸。将点燃的纸张放入杯子里，然后迅速倒转杯子，将杯子扣在盘子上。等纸烧完了以后，杯子里就只剩下满满的白烟。不需多久你会发现，盘里的水竟然顺着杯壁流入杯子里了。当然，铜圆还留在盘子里，稍等一会，铜圆上的水就会干了，这时候你就可以把它拿出来，而且手上也不会沾有一滴水。

盘里的水为什么会自动流入杯中，而且还能保持在某个高度不掉下来？这种力量实际上就是空气的压力。燃烧的纸把杯里的空气烧热了，空气压力自然就会增大，也就将一部分空气挤了出去。等纸烧完后，空气又自然冷却下来，压力也随之降低，那么盘里的水就被外部的空气压到杯子里去。

图 69　如何让盘里的水全部流入倒立的杯子里？

我们也可以像图 69 所示，不需要纸片，只是在一个软木塞上插入两根火柴，然后点燃它。这样得到的结果是相同的。

就这一实验而言，我们常常听到许多错误的解释[1]。比如说，燃烧的纸片“把杯里的氧气烧掉了一部分”，所以杯里的气体自然就少了。这种解释显然是错误的。其中的原因并不在于什么烧掉了一部分氧气，而是空气受热的缘故。关于这点的证明有以下几方面：第一，我们完全可以不用燃烧纸片的方法进行这项实验，用沸水把杯子烫一遍也可以达到相同的效果；第二，如果把纸片替换成在酒精中浸过的棉花球，那么它燃烧的时间可以更长，空气也就会烧得更热，而水几乎能够升至杯子的一半，然而，我们都清楚，空气里氧气的部分只占据五分之一呢；最后一点，“烧掉”的氧气会生成二氧化碳和水汽，它们也会替代氧气的空间。

5.16 我们是怎样喝水的？

你一定会不禁发问，这种问题还有什么思考的余地？是的，我们会习惯性地把杯子或勺子端在唇边，然后开始

---

[1] 最先提到这一点并做出正确解释的，是公元前 1 世纪时的古代物理学家拜占庭的菲罗。

“吸”里面的液体。在这里我们需要解释的对象，正是这个我们已经习以为常的“吸”的动作。仔细想想，液体为什么会流入我们的口中？是什么力量促使它被吸上来的？具体原因是这样：我们在喝水时，首先会扩大自己的胸腔，抽走口腔里的空气，降低口腔中的压力；在此情况下，外部的空气压力较大，就会促使液体往压力较小的地方流动——流入口腔。这与连通管里的液体发生的现象完全相同，如果我们将其中一个管里液体上方的空气抽去一部分，那么在大气压力的作用下，这个管里的液体就会往上升。反之，如果你用嘴巴严密堵住一个装有水的瓶子瓶口部分，不管你用多大的力，也无法把瓶子里的水吸上来，究其原因，就在于此时瓶里水面上的空气压力与口腔里的空气压力完全相同。

因此，准确说来，我们不仅仅是在用嘴巴喝水，还用到了肺部——正是肺部的扩张才让水得以流入我们的口腔中。

5.17 漏斗的改善

当你往玻璃瓶中注入某种液体时，如果你选择用漏斗这种工具，就一定有过这样的体会：你需要时不时地把漏斗往上提一提，否则液体就没法从漏斗下面的小口流下去。之所以会这样，是因为玻璃瓶中的空气找不到出口往外排，而它的

压力就导致了漏斗中的液体无法往下流。最初会有一部分液体顺利流下去，但这只是因为瓶内的空气所受的压力暂时较小；一旦空气被压缩，体积减小，压力自然就增大了，而漏斗里的水的压力要更小一些。所以，如果不提起漏斗，排出一部分被压缩的空气，你就无法把漏斗里的水注入玻璃瓶中去。

有一个更为实际的方法：把漏斗外部做成瓦楞形状，这样的话，当漏斗架在瓶口上时，还留有一些空隙供瓶内的空气排出来。我们在日常生活里很少见到这种构造的漏斗，不过实验室里已经较为多见了。

5.18 一吨木头和一吨铁

我们常常会对朋友开这样的玩笑：一吨木头，一吨铁，哪个更重？许多人常会不假思索地回答：铁重！这就引起了一番哄然大笑。

但是，如果人家回答说，一吨木头更重！恐怕大家会笑得更严重了。看起来这个回答更加荒谬无理吧，然而事实上，这才正是正确的答案！

这里我们就要提到阿基米德原理了。这一原理不仅适用于液体，同样也适用于气体。这个原理告诉我们，物体在空气中“丧失”的重量，与这一物体排开的相同体积的空气重

量相等。

当然，不管是木头还是铁，在空气中自然也会“丧失”一部分重量，要得出真正的重量数值，就必须加上失掉的重量。所以，在这个问题中，在一吨的基础上再加上与此物体（木头或铁）同体积的空气重量，这才是物体（木头或铁）真正的重量。

我们知道，一吨木头的体积要远远大于一吨铁的体积，几乎为铁的整整 15 倍，所以说，一吨木头实际上要比一吨铁更重！更确切地说，应该是这样：空气中一吨重的木头，其真正的重量要大于空气中一吨重的铁的真正重量。

一吨木头所占据的体积约为 2 立方米，而一吨铁大约只占据 1/8 立方米，这两者所排出的空气重量之差约为 2.5 千克。看吧，实际上一吨木头要比一吨铁重出不少呢！

5.19 没有重量的人

几乎每个人小时候都曾有过这种幻想：幻想自己变得像羽毛一样轻，甚至比空气还轻[1]，可以在空中自在地飘荡，

[1] 有人以为羽毛比空气更轻，这种认识其实是错误的；羽毛的重量是空气的好几百倍。它可以飘在空气中并不是因为它更轻，而是因为它的面积比较大；与自身的重量相比，它受到的空气阻力就会显得更大。

没有令人讨厌的重力引力，想去哪儿就去哪儿，还可以环游世界！不过，我们在做这个白日梦时，都忽略了这样一件事：人之所以可以站在地面上，正是因为人要重于空气。托里拆利也曾说过，“我们人类活在空气海洋的最底层”，所以，假设哪天我们突然变得比空气还要轻，毫无疑问，我们肯定会向这个“空气海洋”的表层飘上去。到了那时，我们就与普希金笔下的“骠骑兵”的遭遇一样了：“我一口气喝光了整瓶：你爱信不信，突然，我就像羽毛一样，慢慢地飘起来了。”我们会一直往上升，升至几千米高，直到升至与我们身体密度相同的空气稀薄的地方。而原先的梦想——“在美丽的山谷和平原上方自由自在地盘旋游荡”的想法，也就荡然无存了。虽然挣脱了引力的束缚，但你并没有成为自由人，反倒成了另一种力量的俘虏——你的新主人就是大气流。

这种奇特的幻境曾经被作家威尔斯用作一部科幻小说的素材。下面我们来看看这个故事。

故事讲了一个患肥胖症的人，他想尽一切办法试图减轻自己的体重。而故事的主人公刚好有一个神奇的药方，这个药方可以让胖子轻易减去体重。他把这个药方给了这个胖子，胖子依照药方的内容，服下了这一剂药。后来，当主人公前去探望胖子时，却发生了令他震惊不已又不可思议的事情。他敲响了胖子的房门：

许久都没有人来开门。接下来，我的耳边响起了钥匙转动的声音，然后是派克拉夫特（胖子的名字）的话语：

“请进。”

我轻轻地转动门把手，房门打开了。当然，我以为派克拉夫特会站在我眼前迎接我的。

结果却让我大吃一惊——房间里什么人都没有！整个书房一片狼藉，书本和文具中间杂乱地堆放着碟子和汤盆，椅子横七竖八地翻倒在地，唯独不见派克拉夫特的身影……

“嘿，老兄，我在这儿！快把门关上，”他对我喊道。这时，我才看见他。

图 70　“嘿，老兄，我在这儿！”派克拉夫特喊道

他整个人竟然飘在天花板上，仿佛黏在了靠近门的那个角落似的。他的整个脸上都写满了惊恐和恼怒。

“我说，派克拉夫特先生，您这样，要是有什么差错的话，那脑袋可就要跌坏了呀，”我说。

“我倒想要跌下去！”他说。

“我实在佩服您啊，您这样的年纪，这种体重，还能这么锻炼身体……不过说真的，您那是如何保持在那儿的呀！”我问。

猛然间我发现，他是整个儿飘浮在那里的，就像一只吹足了气的气球，没有任何东西支撑着他。

他努力地挪动着自己的身体，试图顺着墙壁爬到我身边来。他伸出手来，抓住了一个画框，但那画框同他一起飞过去了，他又回到了原处。他的身体撞在天花板上，我这才看见他浑身上下都沾满了白灰。他又一次努力调整自己的姿势，想要离开天花板，试图依靠壁炉落下来。

他大口地喘着粗气，说，“太灵验了，这个药方儿啊，我几乎完全没有体重了。”

这时候，我突然全都明白了。

“派克拉夫特！”我对他说，“您想要治疗的其实是您的肥胖病，但您却总是称其为体重……好了，别急，我现在就来帮你。”我走过去抓住他的一只手，使劲把他往下一拖。

太不可思议了。他想要在这里站稳脚，身体却不自觉地跳来跳去。这情形，就好像在大风里要费劲拉住船帆一样。

“就那个桌子，”这位不幸的朋友指着一张桌子，气喘吁吁地说，“很重，很结实的那个，快，把我塞到那下面去……”

我照做了。但是，即便他的身体已经藏在桌子下，却仍然在里面晃晃荡荡，像只四处逃窜的气球，一刻也不得安宁。

看到这情形，我对他说，“我必须要提醒您一件事。您可千万别试图走出屋子啊。要是您跑到外面去了，那可就会飞到天上回不来了……”

面对这样的处境，我提醒他必须要想个好办法。比如可以学着用两只手在天花板上走路，这应该不是什么难事。

他满眼幽怨地说，“我根本睡不成觉。”

我在他的钢丝床上铺好了柔软的褥子，然后把床上所有的物品都绑在上面，被子也拴在床的一边。

我们往他的房间里搬来了一架木梯，将所有的食物都放在书橱最顶上。另外，我们还想了个绝顶聪明的办法，可以让派克拉夫特随时降落下来。很简单，书橱最上面一层放着一套《大英百科全书》，如果他想要落到地板上，只用随手拿起两卷书就行了。

整整两天时间，我都待在他的屋子里。我想尽一切办法，

用小锤子和钻子为他做了许多奇特的用具，还在他身上挂了一条铁丝，让他随时可以按唤人铃等。

我在壁炉旁坐着，而他，整个儿挂在天花板的一个角落里，正在往天花板上钉一张土耳其地毯。就在这时，我冒出了一个念头。

“嘿，派克拉夫特！”我兴奋地喊道，“我们白忙活了！只要你往衣服里面装一层铅内衬，问题不就不存在了吗！”

派克拉夫特激动得差点哭出声来。

“买张铅板回来，”我说，“然后装在衣服内衬里。靴子里也要装，再弄一个实心的铅块制成的大提箱提着，就没问题了！到时候您就不用待在房子里啦，您都可以直接周游各国了。而且您还丝毫不用担心轮船失事，万一碰上什么情况，您只要一脱衣服，就能飞起来呀。”

以上的描述乍一看好像完全符合物理学的相关定律。然而，其中还有一些事情值得商讨。最大的问题在于：就算胖子的体重完全丧失了，他也不可能飘到天花板上去！

我们来看真正的事实：依据阿基米德原理，胖子如果要“飘上”天花板，他身上所有物品的总重量就必须小于他那庞大身躯所排开的空气重量。这个计算并不难，我们都知道，人体与水的比重相差无几。一个成年人平均体重

约为 60 千克，那么，同体积的水也就大约 60 千克重。而水的比重一般为空气的 770 倍，也就是说，与人体同体积的空气约为 80 克重。这位不幸的胖子先生，就算他再胖，恐怕也很难超过 100 千克，所以，他的身体所排开的空气顶多也就 130 克左右。这样看来，这位先生身上所有的衣服、裤子、鞋袜、怀表、日记册等等其他小东西加在一起，难道还没有 130 克吗？当然不是。所以说，胖子先生应该仍旧是留在地面上的，即使身体也会摇晃，但起码不至于“像气球一样”飘到天花板上。除非他脱掉所有的衣服，才有可能会飘上去。只要他身上还穿着衣服，那就应该像是绑在“跳球”[1]上；稍微用点力气向上一跳，就会跳到离地面很高的位置上，而一旦没有风吹过，他又会慢悠悠地回到地上来。

5.20“永动”的时钟

在这本书里，我们已经探讨过几种不同的“永动机”的情况，也证明了永动机是无法实现的。在这里，我们再来看另一种“不花钱”的动力机。这里的“不花钱”是指不需要

[1]　在我著的《趣味力学》一书第四章，有关于“跳球”的详细讲解。

花费人力就能自主长期运作的机械装置，周围的自然环境可以为其提供所需的动能。

我们都见过气压计的模样。通常有两种类型的气压计：水银气压计，金属气压计。在大气压力发生变化的情况下，前一种气压计里的水银柱会随之上升或下降；而后一种气压计上的指针会随之左右摆动。

在18世纪时期，有一位发明家将气压计的运动原理应用于时钟的机械发动装置，制造出一个不需外力就可以自主走动的时钟，而且还不会停下来。英国著名机械师和天文学家弗格森在见到这个装置后，于1744年发表了一篇评论："至于上面所说的那个时钟，我仔细地观察了一番。它上面特别装置了一个气压计，正是气压计里的水银柱升降带动时钟运作的；我们几乎没有理由去怀疑这只时钟何时会停下来，因为即便我们拿走气压计，这只时钟里贮藏的动力也足够它走上一年了。坦白地说，就我对这只时钟的考察来讲，不管是技术制作，还是从设计上来看，都是我所见过的最轻巧的一种机械。"

遗憾的是，这只时钟没能保存到现在，它被人抢走了，至今都不知道藏在什么地方。不过，这位机械师所作的构造图（图71）有幸得以保存下来，所以它还有可能被复制出来。

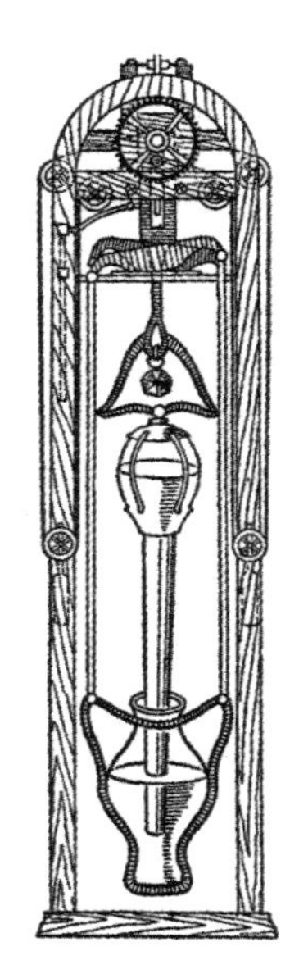

图 71　18 世纪时期“不花钱”的时钟构造

这只时钟的下部装置着一个大型水银气压计。外部框架上挂有一个装着水银的玻璃壶，壶中倒插着一只长颈瓶，长颈瓶和玻璃壶里的水银共有 150 千克重。长颈瓶和玻璃壶都可以上下自由移动。每当大气的压力增大时，长颈瓶就会通过一组巧妙的杠杆往下移动，玻璃壶则会往上移；相反，当气压降低时，长颈瓶会上移，玻璃壶下移。这两种移动都会带动一只小巧的齿轮往同一个方向运转。只有当大气压力保持不变时，齿轮才会停止不动——然而，即便在此时，先

前提上去的重锤往下落的能量也会继续带动时钟运作。想要把重锤提上去，又要使它在下落时可以作用于机械，这的确不容易，然而古代钟表匠的发明能力确是不容轻视的，他们解决了这个问题。气压的变化所产生的能量超过了需求量，造成重锤在提上去时比下落时还快；基于这一情况，又多了一个特别装置，使得重锤在升到一定高度、无法再提升时，可以自由往下落。

我们姑且将这种机械称为“不花钱”的动力机，然而，它与所谓的“永动机”有着重大的本质性区别，这一点很容易就能看出来。这种动力机的动能是由外部环境提供的，而并非像永动机的发明家所说的“凭空而来”，像我们这里的时钟，它的动力就源于周围的大气，而大气的能量又来源于太阳光。事实上，这种动力机的确像“永动机”一样，可以“不花钱”，不过，与它所获得的能量相比，制造成本似乎就有些太过昂贵了。

后面的章节我们还会展示另一种“不花钱”的动力机，在那里我们会举例说明，为什么在工业上不适合采用这种动力机的具体原因。

CHAPTER 6

第六章

热的现象

6.1 十月铁路在什么时候比较长：夏季还是冬季？

如果你问道："十月铁路的长度是多少？"你一定会听到这样的答案："铁路平均长度为 640 千米，而夏天时则要比冬天长 300 米。"

这个答案听起来似乎十分让人费解，但事实上它正是合理的答案：如果我们将铁路的长度视为钢轨密接的长度，那么十月铁路在夏天时的长度的确要大于冬天。我们要记住，钢轨会随着温度的升高而膨胀，温度每升高 1℃，钢轨平均伸长的长度就为原先的 1/100 000。在酷暑季节，太阳常常会把钢轨晒得滚烫，钢轨的温度会升到 30℃ ~40℃甚至更高，而到了冬天，钢轨的温度则会降至零下 25℃甚至更低。我们姑且将冬夏两季钢轨温度的差数看作 55℃，然后用铁路长度（640 千米）乘以 0.000 01 再乘以 55，就可以得出：铁路几乎会变长 1/3 千米！由此可见，列宁格勒和莫斯科之间的这条

铁路——夏天时要比冬天长 1/3 千米，也就是大约 300 米。

不过，在这儿并不是说两个城市间的距离变长了，而是说钢轨的总长度增加了。这两者并不能混为一谈，因为铺成铁路的钢轨并非是密接的：每两根钢轨的衔接处，都还留有一定的空隙[1]，以便于钢轨在受热后还有膨胀的空间。通过

图 72　在温度极高的天气下，电车轨道也会被胀弯

---

[1]　假设钢轨长 8 米，0°C时空隙长度为 6 毫米，那么在这种条件下，65°C时空隙才会被胀满。在铺设电车钢轨时，由于技术方面的限制，以至于无法留出空隙来。幸运的是，电车钢轨通常都嵌在土壤里，温度不会发生这么大的变化，而安装钢轨的方法也使它无法向一旁弯曲。但是，一旦温度达到极高的程度，电车钢轨也会被胀弯，如图 72 所示情形一样，这是依据一幅照片画出来的图。铁路上偶尔也会发生这种胀弯现象，因为火车行进在斜坡上时，车轮下的钢轨常会被带起来前进（有时甚至会带动枕木），所以这种地方的空隙常会在无意间被取消，前后两根钢轨就会密接在一起。

计算可以得出，钢轨总长度的增加就在于这些空隙，因此，在炎热的夏天就比寒冷的冬天要长出 300 米的距离。所以说，事实上十月铁路在夏天要比冬天更长。

6.2 不受处罚的盗窃

在列宁格勒到莫斯科之间的电讯线路上，每年的冬天都会出现几百米电报线、电话线莫名失踪的现象，不过并没有人为此而担心，因为每个人都知道这个盗贼是谁。你也一样很清楚：这个失踪事件的罪魁祸首就是冬季酷寒的天气。上一节我们谈及的钢轨现象，这里也同样适用于电话线。而这两者的区别就在于，铜制的电线在高温下的膨胀程度要大于钢轨，大约为钢轨的 1.5 倍。不过有一点值得注意：电话线上是没有任何间隙可言的，所以毋庸置疑，列宁格勒与莫斯科之间的电话线，在夏季里要比冬季长约 500 米。酷寒的气候在每个冬季都会“偷走”500 米长的电话线，不过这并不会损害电讯工作的正常进行，等到天气暖和起来，它又会乖乖地把“偷走”的电话线送回来。

然而，如果这种热胀冷缩的现象发生在桥梁上，而不是在导线上，那么后果就不堪设想了。下面我们来看一则

1927 年 12 月刊登在报纸上的新闻：

连续几天，整个法国都在遭受着酷寒的袭击，位于巴黎市中心的塞纳河桥严重受损。桥的铁架在极冷的温度下开始收缩，导致桥面上的砖出现破裂突起的现象。整座桥只好被迫暂停所有交通。

6.3 埃菲尔铁塔的高度

现在，如果有人问你，埃菲尔铁塔有多高，在回答“300 米”前你一定要先反问他：

“你说的是在热天还是冷天？”

你现在一定很清楚，这种高度的铁塔，在不同的气温下一定会出现高度不同的状况。高达 300 米的铁杆，温度每上升 1℃，高度就会增加 3 毫米。同样，埃菲尔铁塔增长的比例也大致如此。炎热的夏天来临时，太阳会把这座铁塔晒得达到 40℃，而到了寒冷的阴雨天，它又会降至 10℃，酷寒的冬日呢，铁塔可能会跌到 0℃甚至零下 10℃（当然，巴黎的冬日并不长）。看吧，埃菲尔铁塔一年四季的温度差数大约在 40℃以上，这也就表明了，铁塔的高度差约为 $3\times 40=120$ 毫米，也就是 12 厘米。

通过度量计算，我们得知：这座铁塔在温度上的变化，甚至超过了空气的温度变化速度：它先于空气升温，也先于空气降温，当阴冷天突然出现太阳时，空气没来得及感应，它就先起了变化。对这座铁塔高度的度量基于一种叫作“殷钢”（由拉丁文 invar 音译而来，原意为“不变的”）的镍钢丝，它几乎从不受温度的任何影响，长度也从不会发生改变。

正是如此，埃菲尔铁塔在热天里会比冷天里高出一截，这高出的一截是由铁制成的，全长大约为 12 厘米，不过这段铁实际上根本就一文不值。

6.4 从茶杯谈到水表管

一位合格的主妇在为客人倒热茶时，总不忘往茶杯里放一把茶匙，最好是银质的茶匙，以此防止杯子破裂。她这种正确的做法完全来自于生活的经验。不过，其中的原理又是什么呢？

当然，第一步我们需要弄清楚，为什么在倒开水时杯子很容易破裂。

原因就在于，玻璃的各个部分在受热时不能同时膨胀，往杯子里倒开水时，茶杯的各个角落没能同时被烫热。最先

受热的是茶杯内壁，此时外壁还没有被烫热，而内壁已经开始受热膨胀了，这时，没有膨胀的外壁就会受到内壁施加的强烈挤压。在这种挤压下，玻璃就碎了。

你是否认为，厚杯子就不容易被烫裂？事实上，在这方面厚杯子更不可靠，也就是说，厚杯子其实更容易被烫裂。原因显而易见。薄杯子内壁的温度会很快传达到外壁，内外壁的温度就会在短时间内统一，也就能更快地同时膨胀；而厚杯子的传热会慢一些，外壁受热需要花费更长的时间。

我们在选择薄杯子或其他薄的玻璃器皿时，记住这一点：选择薄的杯壁同时，还要选择薄的杯底。原因也很简单：倒热水的时候，最先受热的是杯底，如果底部很厚的话，即便杯壁再薄，杯子也会破裂。比如底部很厚的圆底玻璃杯，它很容易就会破裂。

越薄的玻璃器皿，加热时就越不会破裂。正是基于这个道理，化学家所使用的玻璃器皿都十分薄，他们把各种液体装入这些器皿中，然后直接放在灯上加热，根本不用担心破裂的危险。

不过，如果在加热时能够一点也不膨胀，这种器皿当然是最理想的了。有一种材料的膨胀程度非常小，只有玻璃的1/20~1/15，这种材料就是石英。由透明石英制成的即便是

厚壁的器皿，加热之后也丝毫不用担心破裂[1]。如果你把烧得通红的石英器皿投入冷水中，它照样不会破裂。其中一半的原因都在于石英比玻璃的导热度更大。

玻璃杯的破碎情况不仅发生在突然加热的时候，同样也发生在突然冷却的时候。这也正是因为玻璃杯各部位冷却的时间并不一致，受到的压力不均衡所致。外壁受冷时强烈地向内层施压，而内层还没来得及受冷收缩。比如说，如果一个玻璃杯里装有滚烫的果酱，那么你绝不能立刻把它浸入冷水中，或是放到严寒的地方去。

现在，我们再回到开篇所说的银茶匙，为什么银茶匙可以保证杯子不破裂呢？

只有当我们一下子把开水倒入玻璃杯时，杯子内外壁的受热程度才会出现很大的差别；而温水是做不到这一点的，它不足以产生强大的压力使杯子破裂。那么，如果杯子里有一个茶匙，情况会有什么不同呢？这时，我们往杯子里倒入开水，这个热的不良导体（即玻璃杯）还没来得及被烫热，热的良导体（金属茶匙）就已经分散了一部分热量，所以，沸腾的开水温度降低了，变成了热水，对玻璃杯的威胁也大

[1]　对化学实验室来说，石英器皿还有另一个好处：很难熔化。只有达到1700°C它才会软化。

大减少了。而这时，继续往杯子里倒的热水就不再那么危险，杯子可以慢慢受热了。

总之，在杯子里放上一把金属茶匙是很聪明的做法。特别大的茶匙则更好，它会缓和杯子受热不均的程度，也就避免了杯子破裂。

不过还有一点，为什么银质的茶匙更好呢？因为与一般的不锈钢茶匙相比，银的导热性更好，散热更快。回想一下，自己一定曾经被开水杯里的银茶匙烫过手吧！就这点来看，你也应该可以判断出茶匙的材质，钢制茶匙是不会如此烫手的。

这种玻璃器皿内外壁受热不均、膨胀不平衡的情况，不仅对器皿本身具有危害性，而且也会危害蒸汽锅炉中用来测定水位的表管计。这种表管计实际上是一段玻璃管，在沸水和蒸汽的影响下，其内壁的膨胀程度要远远大于外壁。同时，在水和蒸气的双重压力下，管壁受到的压力还会更大，所以更容易破裂。因此，这种表管计有时需要用两层膨胀系数不同的玻璃管制成，内层要比外层的膨胀系数小。

6.5 关于洗完澡穿不进去靴子的事

为什么夏天昼长夜短，而冬天却昼短夜长呢？实际上，这和其他大部分物体一样，冬天的白昼之所以短，是因为冷缩，而夜长的原因就在于夜间的灯火，它使空气的温度增加了，因此就热胀了。

以上这段怪异的论调，摘自于契诃夫的小说《顿河退伍的士兵》，想必你一定会觉得好笑。然而，仔细一想，你也一定常常得出这种奇思妙想的理论来，不是吗？比如，有些人经常会说，人在洗完澡后穿不进去靴子，那是因为“脚在受热后膨胀了，所以体积增大了”。这种有意思的现象人们早已习以为常，但许多人还是会错误地解释它。

首先应该清楚这一点：洗澡时人体的温度并没有升高多少，通常不会超过1℃，最多也只有2℃。人体机能可以很好地平衡自身温度，几乎不因环境的冷热不同而发生大幅度改变。

另外，即使我们的体温升高了1℃～2℃，体积增加的范围也十分有限，绝不至于连靴子都穿不进去。人体的各个部位，无论是柔软还是坚韧的，其膨胀系数都小于万分之几，所以，脚部的宽窄和胫骨的粗细基本上只能胀大百分之几厘米。一双靴子即使缝制得再精致，难道能精致到0.01厘米

这种头发丝的粗细程度?

不过，这也正是事实：之所以洗澡后很难穿进去靴子，并不是受热膨胀，而是因为其他许多与热无关的原因，比如皮肤润湿、充血、外皮肿起等等。

6.6“神仙显圣”是怎样造成的?

古希腊亚历山大城有一位名叫希罗的机械师，也是希罗喷水泉的发明者，他向我们展示了两种巧妙的机械装置；这也正是埃及祭司曾经用来欺骗人民的“神仙显圣”的秘密所在。

来看图 73，图上有一个中空的金属祭坛，祭坛下面的地下室里有一个庞大的装置，用来开启庙宇的大门。这座祭坛设在庙宇门外，当祭坛里点起火时，中空部分的空气就会因为受热而向地下那只瓶子施压，瓶里的水被压向旁边的管子里，然后流入桶里，桶的重量一增加，就会往下落，便带动了整个装置的转动，门自然就开启了（图 74）。没有人能想到地下室里还藏着这样一套装置，所以他们就认为真的有“神仙显圣”这回事：每当祭坛里点起火，祭司开始祷告时，庙门就自动开启了……

至于祭司主导的另一个“神仙显圣”的骗局，我们来看图 75。在祭坛点起火之后，空气便受热膨胀，而油箱里的油就会被挤压到两边祭司像的管子里，这时候，油就会自动

图 73　埃及祭司用来欺骗人民的“神仙显圣”：当祭坛点起火时，庙门自动开启

图 74　庙宇大门的构造图。一旦祭坛烧起火，这座大门就会自动打开

图 75　另一个“神仙显圣”的骗局：油会自动往祭火上添加

往祭火上添加……不过，如果祭司偷偷拔掉了油箱上的塞子，那么就不会有油流出来了（受热的空气已经可以从塞孔中跑出去了）；这一招是祭司偷偷预留下来的，准备对付那些吝啬的祈祷者。

6.7 不用发动的时钟

之前我们提过“永动”的时钟（见5.20），更确切地说，是不需人力发动的时钟，这种钟是基于对大气压力变化的运用构造而成的。在这里，我们来看看运用热胀原理所构成的这类时钟。

图76展示了这种钟的构造情况。Z_1和Z_2两根长杆为主要部分，由一种膨胀系数极大的特殊合金制成。Z_1贴合在齿轮X的锯齿上，一旦Z_1受热伸长，齿轮X就会被轻轻推转。Z_2挂在齿轮Y的齿上，而一旦Z_2受冷缩短，就会往同一方向带动齿轮Y旋转。齿轮X、Y均装在轴W_1上，当轴转动时，外面的大轮就会被推转。大轮边缘处装有许多勺子，当它开始转动时，下部的勺子会把槽里的水银带到上面，然后流向左边的轮子，这个轮子同样也装有勺子。当这些勺子都装上水银后，就会在重力的作用下开始转动，同时带动链带KK的转动（KK绕在K_1和K_2轮上，K_1与大轮都装在轴W_2

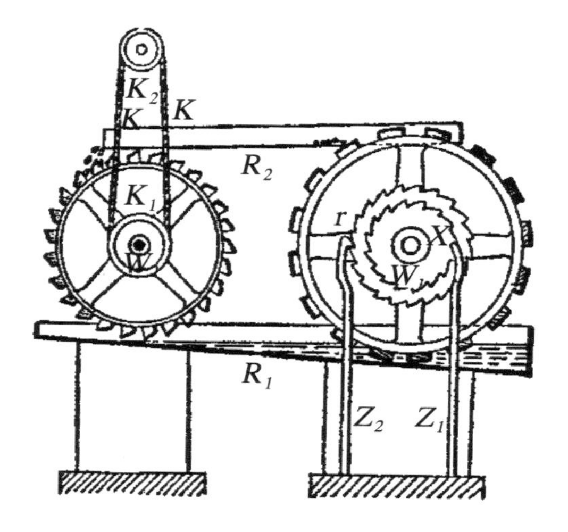

图 76　可以自己“发动”的时钟构造

上）；这样，K_2 轮就带动了时钟的弹簧。

由左轮流下来的水银，会沿着斜槽 R_1 重新流入到右轮下面，再由右轮的勺子带上去。

如此看来，似乎这个机器是可以运转的，而且只要保证 Z_1、Z_2 能够伸缩，它就会一直运作下去。所以，要保证这只时钟不停运作，只要控制四周的温度不断升降就足够了。事实也的确如此，我们根本无须操心这个问题：无论四周的温度如何变化，总会引发两个长杆的伸缩，而时钟的发条也就会被慢慢上紧了。

我们能将这种时钟称为“永动机”吗？当然不行。虽然这个时钟可以永远走下去，除非它的内部构造出现磨损

或损坏——但是，它有一定的动力来源——周围空气的热量；时钟将热膨胀的功一点点贮存起来，然后不断地用来推动指针转动。换句话说，这只是个“不花钱”的动力机，它既不消耗什么，也不需要照料。当然，它并不是凭空而出的——太阳及地面的热能为它提供了最初的动力来源。

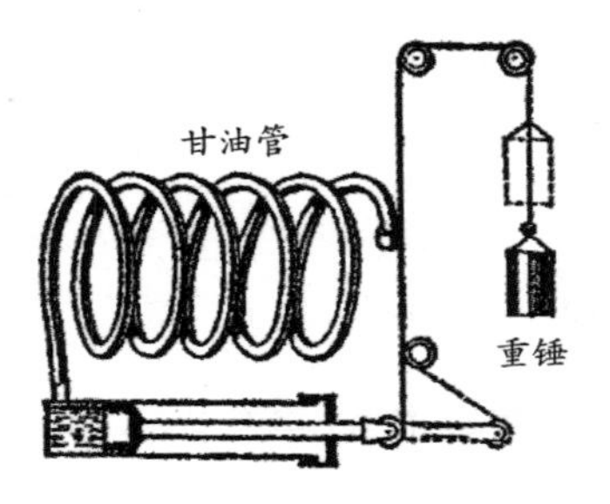

图 77　另一种自发转动的时钟

图 78　自发转动的时钟。底座下装有盛着甘油的蛇形管

图 77 和图 78 是另一种自发转动的时钟。它主要是甘油带动的，当空气的温度升高时，甘油会膨胀，这就能拉动小重锤往上提，当重锤往下落，这就推动了时钟机构的运作。甘油的凝固点为 -30℃，沸点为 290℃，所以它适用于广场及其他开阔的场所。只要温度变化的差值达到 2℃，时钟就可以运作起来。曾经就有一只这样的时钟被用于实验测量，

实验结果很不错：一年内它都保持正常运作，而且在此期间，没有任何人动过它一下。

如果我们依据以上原理，制造出一个较大的动力机，这是否是件好事？如果单从“不花钱”的角度来看，似乎是比较划算的，然而计算的结果却令人失望：如果要给一个普通时钟上紧发条，使它足以走上一天一夜，那么要耗费大约1/7千克米的功。这就相当于1秒钟用1/600 000千克米；根据马力和千克米的转化公式（1马力=75千克米/秒），一只时钟的功率约为1马力的1/45 000 000。那么，假定之前第一个时钟的两个长杆或第二个时钟的附件价格为1分钱，想要发动机发出1马力，需要的总资本为：1分 × 45 000 000 = 450 000元。

这么看的话，发动1马力就需要花费50万元，这恐怕与“不花钱”的概念相差甚远吧。

6.8 值得研究的香烟

一支点燃的香烟，两头都在冒着烟（见图79），不过，燃着的那一端冒出的烟是往上升的，烟嘴那端的烟却是往下沉的。这是为什么？都是同一支香烟，难道两端冒出来的烟却不一样？

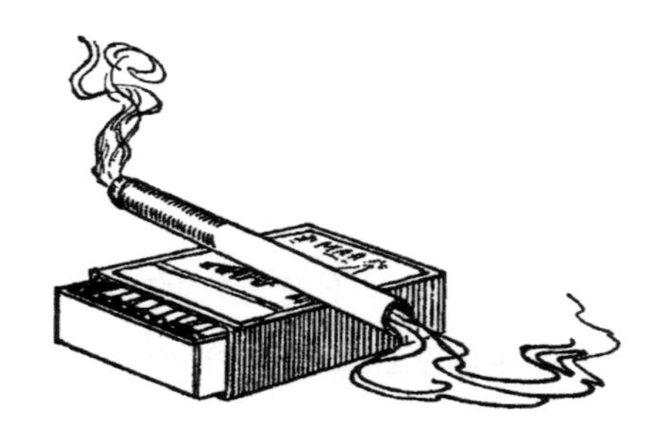

图 79　点燃的香烟，一端冒出来的烟往上升，另一端的烟却往下沉

当然，烟肯定是一样的，但是，点燃的那端同时也烧热了空气，因此就产生了上升气流，带着烟一起往上升；烟嘴冒出来的烟已经冷却了，自然也就不会上升，而烟粒的重量本就大于空气，所以会往下沉。

6.9 在开水里不熔化的冰块

往一个装满水的试管里丢一个小冰块，为了防止冰块浮起来（冰比水轻），再放一个铅块或铜圆把冰块压在下面，注意不要让冰块完全与水隔离了。现在，如图 80 所示，把试管放入酒精灯上，从试管上部开始加热。很快，试管里的水沸腾了，蒸汽冒了出来。但是，有一个奇怪的现象：试管里的冰块竟然没有融化！这就像表演魔术一样，冰块在开水里竟然不融化……

图 80　试管上部的水已经沸腾，下部的冰块却没有熔化

谜底是这样的：实际上，沸腾的是上部的水，试管下部的水并没沸腾，而且仍然还是冷水。这其实并不能算作“冰块在沸水里”，而只是“冰块在沸水下面”。因为水会因为受热而膨胀，重量也会随之变轻，因此热水不会沉入试管下部，只会停留在上部。而且，也只有试管上部的水流进行循环，下部的水并没受到影响。下部的水只有通过水的导热才会升温，不过，水的导热度是非常小的，这一点我们很清楚。

6.10 放在冰上还是冰下?

我们在烧水时，一定会把装水的水壶或铁锅放在火上面，而不是放在火旁边。当然，这种做法是完全合理的。因为空气在烧热以后会变轻，而暖空气就会顺着水锅的四周往上升。

所以说，把水锅放在火的正上方，这就使火焰的热量得到了最大限度的利用。

不过，如果我们想要让一个物体迅速冷却的话，应该怎么做呢？人们通常会出于习惯倾向，同一也把物体直接放在冰的上面。比如，人们会把装热牛奶的小锅直接放在冰上，试图让牛奶冷却。这种做法其实是不合理的，因为冰上的空气在冷却后会沉下去，而周围的暖空气就会填补原先冷空气所占据的空间。这样我们就得到了一个有效的结论：要想冷却一些食物或饮料，最好的方法是把它放在冰块的下面，而不是上面。

现在我来给出更详细的解释：如果把装有水的水锅放在冰块上面，那么只有水的底部能受到冷却，其他部分就无法受到冷空气的作用。反之，如果把水锅放在冰块的下方，那么水的冷却则会快多了，因为上层的水在冷却之后会往下沉，而底部温度较高的水就会往上升，整锅水很快就会全部变冷了[1]。与此同时，冰块周围冷却的空气也会绕着水锅沉下去。

[1] 经过冷却后，水的温度只能降至 4°C（这时达到最大的密度），并不会降低到 0°C；在实际生活中，通常也不需要将饮料冷却到 0°C这么低。

6.11 为什么紧闭了窗子还觉得有风？

常常遇见这样的现象：房子里所有的窗户都关得严严实实，看上去密不透风，但房间里仍然会感觉到有风。这似乎说不通，但实际上却是很简单的道理。

房间里的空气是极不安分的。有一些受热或冷却的空气悄悄形成了空气流，在我们看不到的地方流动。受热的空气会变得较为稀薄，重量也会变轻；而受冷的空气则会变得更密，也就更重了一些。比如，有些空气被炉子或电灯烧热了，这些轻的暖空气就会升上去，把冷空气压在下面；而窗户或墙壁附近较冷的空气就会沉下去，落在地板上。

我们可以通过孩子们爱玩的气球来观察房间里的这种空气流。将一个小物体拴在一只气球下面，让这只气球只能在空中飘浮，而不能飞到天花板上去。现在，将气球放在燃烧的炉火附近，看不见的空气流就开始对它起作用了：让它在房间里进行一场缓慢的旅行。气球先从炉火旁边慢慢往上升，碰到天花板，然后向窗户旁飘去，在那儿又重新落回到地板上，回到炉火附近，接着开始进行另一圈同样的旅行。

虽然我们在冬天把窗户关得严严实实，外部的寒气根本无法钻进来，却仍然能感觉到房间里有风在吹，尤其是脚底下更为明显，这一切的原因正在于此。

6.12 神秘的纸片

取一张长方形的薄纸片，按照横直方向的两条中线分别对折一次。展开这张纸，毫无疑问，你看到的那两条折线的交点正是纸片的重心。接下来，将这张纸片放在一个垂直竖立的针尖上，使针尖刚好定在纸片的重心点上。

这时候，纸片可以轻易地在针尖上保持平衡，因为纸片的支撑点正是它的重心。如果此时恰好有一阵微风吹过，纸片很快就会轻轻旋转起来。

最初，我们还看不到这个小玩意有什么新奇的地方。现在，像图 81 那样，轻轻地将手放在纸片旁边，动作一定要轻柔，不要让手带过去的风吹落纸片。这时，你就发现了奇怪的情形：纸片开始慢慢旋转起来，而且速度逐渐加快。如果你轻轻地把手拿开，纸片又会立即停止旋转；再把手靠近，纸片又转了起来。

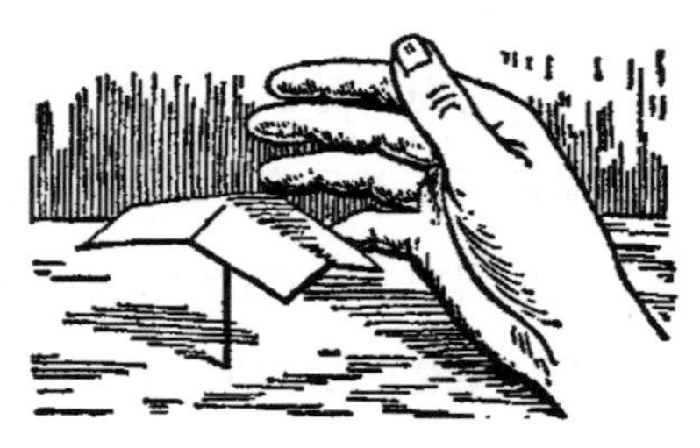

图 81　纸片为什么会旋转起来?

现在你觉得新奇了吧。在19世纪70年代的某段时期，这种现象曾被人们认为是“人体具有某种超自然能力”。这个实验又给神秘教的信奉者带来了希望，他们认为这正是“人体可以发出神秘的力量”这一模糊学说的证明。然而，这个现象的真正原因却十分简单：你靠近的手掌给下部的空气带来了一定的热量，热空气就会往上升，随即碰到纸片，带动了纸片的旋转。这就像是灯上的小纸卷总会不停飘动一样，因为纸片上的折痕使纸片呈现出略微倾斜的状态。

如果你够细心，你就会在实验中发现，纸片总是按照同一个方向转动——从手腕往手指那端旋转。这个道理也很简单。人手各部位的温度并不相同，掌心的温度要高于手指端的温度；越是靠近掌心的地方，就越容易产生稍强一些的上升流，而它对纸片的推动力也就大于手指那端的力[1]。

6.13 皮袄会让你更温暖吗？

如果有人执意要你相信，皮袄根本不会让人更温暖，你会如何表态呢？你可能会想，这个人肯定是在说笑吧。但

[1] 假设做实验的是高热病人或者体温较高，纸片的旋转就会更快。

是，如果他用一系列的实验证实了自己的观点，你又会做何感想？举个例子，你可以自己做一个实验看看。取一只温度计，记下温度计上的数值，然后用皮袄把它裹起来。过了几个小时，你取出温度计一看，你会发现，上面的指数没有发生半点变化。这时候，你会相信皮袄不会让人更温暖了吧。不仅如此，下一个实验还会让你更为吃惊：皮袄甚至还会让一个物体冷却下来。取两盆一样的冰，把其中一盆裹在皮袄下面，另一盆放在外面。等外面那盆冰化得差不多了，你再看看皮袄下面那盆冰——它几乎还没开始熔化！这是否说明了皮袄根本不会有加温功能，甚至还会让物体继续冷却下去？

你还有什么反驳的话要说吗？当然，你已经没有合理的说法可以推翻这个结论了。事实上，皮袄的确不会让人更温暖，不能给穿它的人带去更多的热量。电灯、炉子、人体，这些都会给人带去温暖，因为它们本身就属于热源体。皮袄不会带给我们温暖。它无法传递给我们热，它的作用只是防止我们自己的热量散发出去。正是出于这个缘故，那些温血动物穿皮袄才会感觉到温暖，因为它们的身体本就是一个热源。之前实验用的温度计不属于热源，它自己并不能产生热，所以皮袄也无法让它升温。至于那盆冰，因为皮袄属于不良热导体，它可以阻止外部的热量传到里面来，所以放在皮袄里的冰才会更持久地保持低温状态。

从这一点来看，冬日里的皑皑白雪也同样保护了大地的温暖；雪花及所有粉末状物质都属于不良导热体，所以，它可以有效地阻止土地自身热量的流失。你可以用温度计分别测量被雪覆盖的土壤以及裸露的土壤温度，你就会发现，前者比后者的温度要高出 10℃左右。农民们对雪的这种保温作用最为熟悉。

总之，至于“皮袄会让我们更温暖吗”这一问题，准确的解释应为：皮袄不能带给我们温暖，它只能帮助我们留住自己的温暖。更确切地来说，实际上还是我们带给皮袄温暖呢。

6.14 我们脚底下是什么季节？

当我们的地面到了炎热的夏季时，脚底下是什么季节？比如说地面下 3 米深的地方，那儿也是夏季吗？

我想你一定会这么认为！但我要告诉你，你错了！地底下的季节并不像我们想象的那样和地面上是一样的，实际上它们的差别大着呢！土壤是一种不良导热体。举个例子，比如在列宁格勒，即使地面上是极为寒冷的冬季，地底下 2 米深的自来水管也不会冻裂。地面上土壤的温度变化要想传达

到地底深处的土壤，这需要很长一段时间，土壤层越深，这个传达的过程也就越久。我们在列宁格勒州斯卢茨克所做的测量数据就直接证明了这一点：在地下 3 米深的地方，温度最高的季节要比地面上晚 76 天，而最寒冷的季节要比地面上晚 108 天。也就是说，在一年之中，如果地面上的 7 月 25 日是最热的一天，那么 3 米深的地下就是 10 月 9 日！如果地面上的 1 月 15 日是最冷的一天，那么 3 米深的地下就得等到 5 月才能迎来这天了！如果是更深的土壤层，这个时间差也就会更大。

至于更深的土壤层，温度相差不仅仅体现在时间上，也体现在程度上 —— 时间落后于地面的同时，温差也在逐渐减弱，而且一旦到了某一深度，这种变化就会完全停止。也就是说，某个很深的地方，它的温度是全年甚至整个世纪固定不变的，这也正是所谓的“全年平均温度”。在巴黎天文台下面 28 米深的地窖里，有一只已经放了近两百年的温度计，这还是当年拉瓦锡放在那里的。就在这漫长的两个世纪间，这只温度计的指示值竟然丝毫没有改变过，始终停留在 11.7℃。

因此，我们脚底下的地方，从来不会与我们地面上过着同一个季节。当地面上到了酷寒的冬季时，脚下 3 米深处还在过着秋天 —— 而且不是地面上的那种秋天，是温度变化更缓慢的秋天；当地面上到了炎热的夏季时，脚底下的地方还留在冬天的尾巴上。

如果要研究植物地下部分以及地下动物（比如金龟子的幼虫）的生存环境状况，这件事情就会显得意义重大。比如，植物根部细胞要在寒冷季节里繁殖，根部的构造组织在温暖季节里几乎停止任何活动，恰好与地面上的枝干部分相反等等，从以上的说明来看，这就没什么好奇怪的了。

6.15 纸制的锅

来看图 82 在纸锅里面煮鸡蛋！或许你会说："一旦纸烧了起来，水就会马上浇熄火的。"然而，你可以先用厚纸和铁丝做成一个纸锅，自己来做一个实验。这时候你就会发现，纸锅根本不会燃烧起来。为什么呢？因为，在一个没有密闭的容器里，水只能煮到 100℃，也就是水的沸点；锅里的水的热容量相当大，它把纸的多余热量全部吸走，因此纸的热度就无法超过 100℃，也就达不到燃点的温度（我们可以用图 83 所示的小纸盒来进行实验，实验效果会更切合实际）。所以，虽然纸锅下面不断地烧着火，纸也不会被点燃。

图 82　鸡蛋放在纸锅里煮

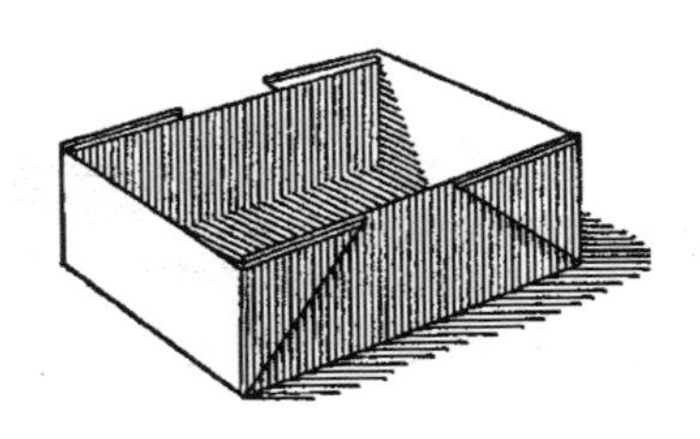

图 83　可以用来烧水的纸盒子

有些粗心的人会把空壶放在火炉上加热，壶底的焊锡就会被熔化——这种令人懊恼的经验同样也出于这个原理。焊锡达到熔化的温度并不高，只有装入水后再加热，它才不至于烧得温度过高。底部焊接过的锅也同样不能不盛水就直接在火上加热。马克沁式的机关枪也是利用了这一原理：正是水阻止了枪筒的熔化。

我们可以进行另一个实验。用卡片纸做成一个纸盒，再放入一个锡块加热，使它在纸盒子里熔化。注意，火焰必须刚好点在纸盒与锡块接触的位置。锡块是一种良性导热体，所以它会迅速吸走纸上的热量，不让纸的温度超过锡的熔点（335℃），当然，这个温度还不足以使纸盒燃烧起来。

以下图 84 的实验也很容易进行。取一根铁杆（铜杆更好）或一枚粗的铁钉，再裁一块细长的纸条，把纸条像螺丝

一样紧紧地绕在上面，然后放到火上烧。你会发现，不管你用多大的火焰去烧这纸条，在铁钉烧红以前，纸条是不会先燃烧的。原因很简单：铁钉（或铜杆）是极好的导热体；如果用导热度差的玻璃棒来进行这个实验，那肯定就会失败了。

图 85 的实验与图 84 相仿，是在一把钥匙上紧紧绕上棉线，然后放在火焰上。

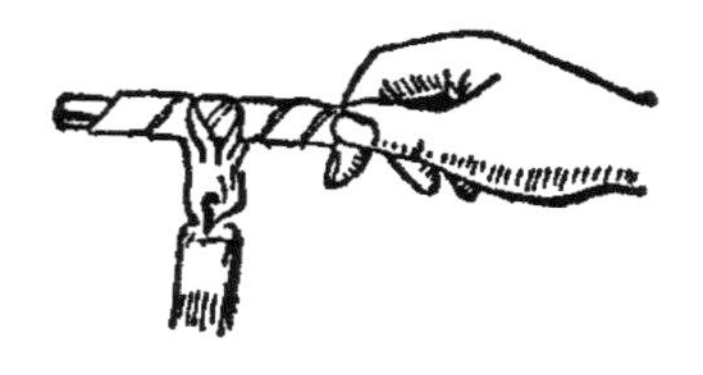

图 84　不会燃烧的纸条

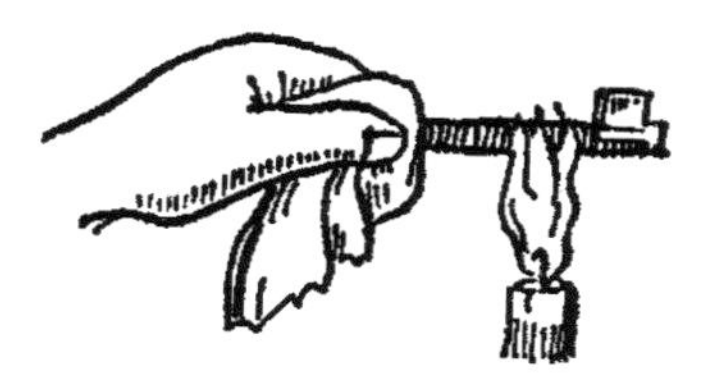

图 85　不会燃烧的棉线

6.16 为什么冰是滑的?

与普通地板相比，擦得光亮的地板更容易让人滑倒。由此来看，冰上的状况也是同样，只是表面光滑的冰比坑洼不平的冰要更滑。

然而，如果你在这种坑洼不平的冰上拖过载满重物的雪橇或滑雪板，你就一定知道，在这种冰面上拖雪橇，要比在

光滑的冰上更加省力。换句话说，与光滑的冰面比起来，不平的冰面反而更滑！对此的解释是：这里的滑性并不在于冰面的光滑，而在于其他方面的原因——当压强增大时，冰的熔点会降低。

我们来仔细分析一下，当我们在滑雪橇或溜冰时，具体会发生一些什么样的情形。我们踩着溜冰鞋站在冰面上时，与冰面接触的只有鞋底冰刀的刃口部分，我们整个身体的重量就支撑在这么小的面积上——总共只有几平方毫米。如果你回想起第二章里谈及的压强问题，你就会明白，溜冰时人体对冰面施加了极大的压强，因为我们的全部体重就压在这么小的面积上。那么，在这种极大的压强作用下，即使在低温环境中，冰也能够融化。譬如，如果冰的温度为 -5℃，那么冰刀施加于冰的压力会使冰的熔点降低5℃以上，显然，这部分冰就会熔化[1]。现在，冰刀的刃口在接触冰面时产生了薄薄一层的水，而溜冰的人自然就能更自由地溜了。当我们滑到别的冰面上时也同样，凡是我们经过的地方，冰刀刃口下的冰就会化成一薄层水。在现有的所有物体形态中，冰

[1] 从理论上可以计算出，冰的熔点要降低 1°C，每平方厘米的压力就要增加到 130 千克。当然，这种情况有个前提条件，就是冰和水必须要在同一压强下。现在我们举的事例中，只有冰受到压力，而由此产生的水只受到了大气压强的作用；在这种情况下，压力就会极大地影响冰的熔点。

的这种性质是独一无二的，因此，它曾被物理学家称作“自然界唯一滑的物体”。别的物体只是表面光滑，却不具有这种“滑性”。

我们现在回到本节的话题上：究竟是光滑的冰面更滑，还是低洼不平的更滑。方才我们已经清楚了，当同一个重物压在冰面上时，越小的受压面积就会产生越大的压强。那么，溜冰的人是站在光滑的冰面上施加给支点的压强更大，还是在不平的冰面上施加的压强大？当然是后者。如果冰面不平，那么人在冰面上的支撑面积就只有几个凸点。冰面受到的压强越大，冰熔化的速度就越快，所以，溜起来也就更滑（这一解释只适用于刀刃较钝的冰刀，并不适用于刀刃锋利的冰刀，因为锋利的刀刃会割进冰里去，而在这种情况下，能量就会耗费在切割的动作上）。

极大的压强作用可以降低冰的熔点，这一道理也适用于日常生活中许多其他现象。比如，把两块冰叠在一起用力挤压，就会合成一整块。孩子们在雪天里捏雪球也是利用了这种特性，雪花在挤压的作用下降低了熔点，有一部分雪就会熔化，而一旦放开手，它又重新冰冻了起来。在雪地上滚雪球也是同一道理：因为雪球本身的重量，使它下面的雪暂时熔化了，然后又冻结起来，把更多的雪粘在上面。现在你明

白了，为什么在十分寒冷的冬天，雪花只能捏成松松的雪团，而雪球也很难滚得非常大。街道上的雪被来来往往的人群踩踏之后，会逐渐冻结成坚硬的冰，而路面的雪片就会变成一整片冰层，这也都出于同样的原因。

6.17 冰柱的题目

在某些时候，我们常看见屋檐边垂下来一根根冰柱，那么，你可曾想过这样的问题：这些冰柱是如何形成的？

先来看这样的问题：在什么样的天气里可以形成这种冰柱呢？是温暖的日子，还是酷寒的天气？如果是在0℃以上比较温暖的天气下，它又怎么可能冻结成冰柱？如果是在酷寒的日子里，而且屋子里也没有生火，雪也不会融化，那形成冰柱的水又是从哪儿来的呢？

现在你明白这个问题不是那么简单的了。冰柱的形成必须同时具备两个条件，也就是两种温度，一是可以使雪融化的温度，即0℃以上的温度；二是可以使雪水结冰的温度，即0℃以下的温度。

事实也的确如此：倾斜的房顶上堆积的雪花，在太阳光的照射下，温度升到了0℃以上；融化的雪水顺着屋顶流下来，在屋檐上又冻结成冰，因为屋檐处的温度在0℃以下。(这里要注意，我们说的冰柱当然不是室内温度造成的冰柱。)

我们来想象这样一幅场景：天气晴好，阳光充沛，气温只有零下1℃~2℃。四周所有的一切都沐浴在阳光下。然而，地上的积雪并没有因为斜射过来的光线而融化。这里我们应该注意，太阳光照射在倾斜的屋顶上的角度，几乎是接近直角竖直射下来的，而不像对地面的射角那么偏斜。我们都知道，太阳光线与照射平面所成的角度越大，平面吸收的热量也就越大，温度升高的程度就越大。(阳光对物体的晒热作用，与这个角度的正弦值呈正比关系；如图86所示，屋顶的雪吸收的热量是地面的雪的2.5倍，因为 $\sin 60°$ 约是 $\sin 20°$ 的2.5倍。)正是因为这一点，屋顶上的雪才会被晒得更热，也就比较容易融化成水，顺着屋檐往下流。但是，屋檐下面的温度是小于0℃的，同时，水滴在蒸发作用下自然会冷却凝结起来，然后上面的雪水会继续流下来，流到已经冻结的冰滴上一起冻结起来；这样就慢慢形成了一个个小冰球。而雪水继续往这个冰球上面流，冰球就逐渐加长，形成一个个冰柱挂在屋檐下。就是出于这样的原因，那些不生火的房屋屋檐下常常就形成了这种冰柱。

图 86　屋顶上的雪比平地上的晒得更热。（图上数字表示的是太阳光线与照射平面所成的角度）

有些大范围的现象也可以用同样的理由来解释。比如，一年四季的温度差别以及不同气候带的区别，基本上大多都与太阳光的照射角度有关[1]。在夏天和冬天两个季节里，太阳离我们的距离几乎是相等的；在赤道以及两级地区，太阳的距离也相差无几（这个差度基本上不起作用，通常可以

[1]　只是“大多”，而不是所有。因为还有一点重要的原因在于白昼的时间长度不同，这就是说，地面受到太阳光照射的时间长短不同。事实上，这两点原因都是由同一个天文现象产生的：地轴倾斜于地球绕日公转的轨道面。

忽略）。然而，赤道上太阳照射地面的光线，要比两极地区更加陡直；同时，夏季时的角度也会大于冬季。正是由于这一点，白日里的温度才会形成这么显著的变化；换句话说也就是，整个自然界的某些显著变化，都是源于这一原因而形成的。

CHAPTER 7

第七章

光　线

7.1 捉影

哎，影子啊，黑暗的影子，

你还会追不上谁？

你还会超越不了谁？

黑暗的影子，只有你，

没人能将你捕捉和拥抱！

——涅克拉索夫

如果说我们的祖先不会捕捉影子，但他们至少已经学会了利用自己的影子来做一些事情。正是通过影子，他们制造出了人体的“影像”。

我们现在这个年代，每个人都可以通过照相机来获得自己或他人的照片。当然，这种幸福是18世纪时期的人无法享受到的。那时候，人们要想得到自己的图片，还必须请画

家来作画，而这笔费用通常都十分昂贵，大部分人很难支付得起。在这种情况下，“影像”就大肆流行起来，这种流行就相当于现在的照相一样普遍。这里所谓的“影像”，实际上就是捕捉人体在纸上的影子，将影子钉住。这种作画方法十分机械，从这一点来看，它刚好与现代的照相术相反。拍照是利用光线射在底片上的方法完成的，而我们的祖先利用的并不是光，反而是没有光——利用影子，来达到同样的目的。

图 87　从前面制作影像的画法

图 87 很清楚地为我们展示了影像的画法。坐在画布后的人将头转到某个位置，让头部的影子在画布上显现出最明显的轮廓，然后用笔将轮廓描绘出来。画好轮廓后，用黑墨将它填满，再剪下来贴在白纸上，这样就完成了。如果你愿意，也可以通过放大尺来缩小它的尺寸（图 88）。

图 88　缩小影像的尺寸

图 89　席勒的影像画

你是否觉得这种黑色的轮廓图太简单了，很难显示出一个人的相貌特点？那你就错了，而且事实还恰恰相反——如果画得够好，这种影像与本人的形貌可以极其相像。

因为这种影像画法十分简单，与本人形貌的相似度又很高，所以众多画家都产生了浓厚的兴趣，开始利用这种方法来创作整幅的风景画、图画等，之后就逐渐发展成一个成功的画派。图 89 展示的是席勒的影像画。

至于“影像”这一名称，是由法文 Silhouette（西路哀特）

翻译而来的。这个词的渊源十分有意思：它原本是18世纪中旬法国一位财政大臣的姓氏，他的名字叫艾奇颜纳·德·西路哀特，当时，他在浪费成性的法国国民中大肆宣传节俭口号，还严厉斥责法国贵族在画像和图片上花费大量钱财的行径。因为“影像”要便宜得多，所以人们就给这种影像起了个顽皮的名字：“à la Silhouette”（意思就是“西路哀特式”）。

7.2 鸡蛋里的雏鸡

利用影子的这一特性，你可以为你的朋友做一项有趣的表演。把一张纸浸在油里，然后取出来，贴在一张中间有方孔的硬纸板上（蒙在方孔上面），这就做成了一张油纸幕。在幕的后方放两盏灯；然后让观众坐在幕的前方。现在，你可以点燃其中一盏灯，比如左面那盏。

在纸幕与点燃的那盏灯之间，再放一个椭圆形的硬纸片，这就会在幕上投射出一枚鸡蛋的影像来（此时右面那盏灯是熄灭的）。现在，你可以告诉观众，你将要启动一个神奇的机器——X射线透视机，这个机器具有透视功能，可以看到鸡蛋的内部……看到雏鸡！果然，观众立即见到了这样的情形：幕上鸡蛋影像的中心部分变暗了，边缘亮了起来，而暗淡的部分显现出一个清晰的雏鸡轮廓（图90）。

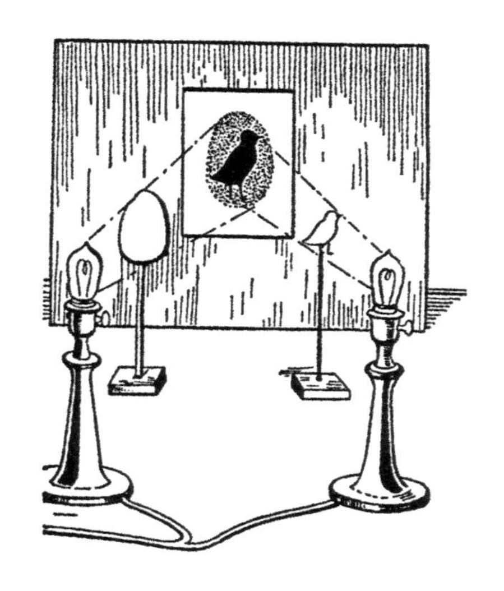

图 90 假的 X 射线透视表演

事实上，这个魔术并没有什么特别之处，很简单：你只是拿了一个雏鸡形状的硬纸片放在右边那盏灯的前方。当你点亮这盏灯后，幕上原来鸡蛋的影子上又叠加了一层“雏鸡”的影子，而雏鸡影子的周围部分由于受到右边灯光的照射作用，自然就变得更明亮，所以，“鸡蛋”的边缘部分看起来好像就更亮了。至于观众呢，他们坐在幕前，自然看不到你的动作，所以，如果他们对物理学和解剖学知识了解甚少的话，很容易就能被你骗倒——他们还以为，你真的开启了什么 X 射线透视鸡蛋呢。

7.3 滑稽的照片

大部分人大概都不知道，即使照相机没有前面的镜头，没有这块放大玻璃，就用它的小圆孔，也可以拍出照片来，只不过拍的照片不够清晰罢了。这种镜箱里没有镜头，但还有一种“缝隙”镜箱，就是用两条狭窄的缝隙来替代小圆孔——它能够把照片拍出有趣的变形效果。镜箱前有两块挡板，一块板上开有一条水平的缝隙，另一块上开有一条竖直的缝隙。如果将这两块板叠加在一起，得到的像就是正常的没有变形的像，同小孔镜箱的效果一样。然而，如果把这两块板的距离稍稍移开一些，得到的像就会是各种扭曲变形、奇形怪状的像（如图 91 和图 92）。甚至可以说，你看到的不是照片，而是滑稽像。

图 91　用“缝隙”镜箱得到的滑稽像（横向扭曲的效果）

图 92　同样用“缝隙”镜箱得到的滑稽像（竖向扭曲的效果）

那么，要如何解释这种扭曲呢？

我们现在把竖直缝隙放在水平缝隙后面来研究一下成像效果（图 93）。十字形物体 D 的竖直光线穿过水平缝隙 C，这时的情形与普通小孔一样，没什么区别；而后面的竖直缝隙 B，对这束光线的行进已经起不到什么作用了。所以，物体 D 在镜箱后面毛玻璃 A 上所成的像，与原来的竖直线的形状相比，也就是 AC 距离和 DC 距离之间的比例关系。

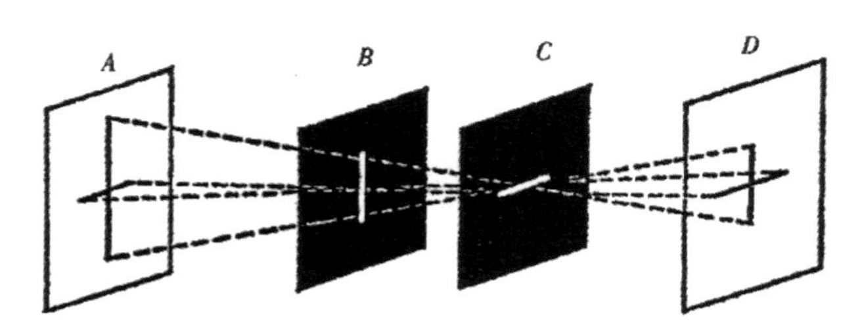

图 93 这种“缝隙”镜箱为什么会拍出扭曲的像？

不过，假设两块板保持原来的位置不变，那么物体 D 的水平光线投射在毛玻璃上的影像就完全不同了。这条水平线可以毫无阻碍地通过水平缝隙 C，射到竖直缝隙 B 上；而当这束光线通过缝隙 B 时，就相当于通过了一个小孔的效果。所以，毛玻璃 A 上此刻所成的像，与原来水平线的大小比值，也就是 AB 距离与 DB 距离的比值。

简而言之，当两块板的位置与图 93 相同时，物体投射的竖直光线似乎只对前面的缝隙 C 起作用，而物体的水平光线则只对后面的缝隙 B 起作用。因为前面的板 C 离毛玻璃的距离比板 B 更远，所以竖直线在毛玻璃上所成的像要比水平方向的像更大，也就是说，物体的影像好像被竖直拉长了。

反之，假设两块板的位置与图 93 所示相反，那么物体的像就会沿水平方向拉长。

当然，如果两块板是倾斜摆放的，那么得到的又是另一种扭曲的镜像。

利用这种镜箱，我们不仅可以拍出一些滑稽有趣的照片，还可以用它完成更为重要的实际任务。比如，它可以用来制作建筑物上的装饰图案、地毯花纹等，简单来说，也就是用来制作各种拉长或压扁了的图案。

7.4 日出的题目

凌晨五点整的时候，你可以看到美丽的日出。我们都知道，光的传播并不是瞬时完成的，阳光从发光源 —— 太阳 —— 到达地球，再传到人的眼睛里，这还需要一段时间。所以，这里我们就提出问题：如果光线可以瞬时到达，那么我们应该在几点的时候看日出？

大家都知道，光从太阳跑到地球，需要花费8分钟的时间。现在，假设光可以瞬间到达的话，那我们就应该在8分钟以前去看日出，也就是4点52分。

我想许多人都会感到意外，不过没关系，这个想法本就是错误的。我们所说的日出，实际上就是地球表面上的某个点，从照射不到阳光的位置转移到能够照射到阳光的位置而已。所以，就算光可以瞬时到达，我们也不是提前8分钟去看日出，而是仍旧与需要花时间传播的情况相同，也就是早上5点整[1]。

然而还有一点，假如你是用望远镜观察日珥（太阳边缘处的凸起部分），这又是另一种情况了。假设光的确能够瞬时传播，那么你就得提前8分钟去观察它。

---

[1] 如果同时考虑“大气折射”的作用，就会得到更加让人意外的结果。光线在空气中行进的路线由于大气折射作用而发生折屈，所以我们看到日出的时间，要早于太阳从地平线升起的时间。但是，假设光可以瞬时传播，这种折射就不会发生，因为产生折射的条件在于光线在不同介质里传播的速度不同。一旦没有折射，观察者看到日出的时间比有折射的情况更晚；这个时间的差距取决于观看地点的空气温度、纬度和其他许多条件，大约在2分钟至几个昼夜，甚至更多（极地位置）。由此可见，我们得到的结论就十分奇怪：假设光线可以瞬时传播（就是指无限快），那我们观看日出的时间竟然比现实情况要更晚！

CHAPTER 8

第八章

光的反射和折射

8.1 隔着墙壁看东西

在 19 世纪 90 年代，市场上到处流行一种叫作“X 射线机”的玩意儿。在我的记忆里，第一次拿到这个有趣的玩意儿时还是一个小学生，那时兴奋的心情现在还历历在目。这个机器是一个管子，你可以通过它看到不透明物体后面的所有东西！当时我试过隔着厚纸板来看物体，甚至还试过隔着刀锋看到了后面的东西——这是真正的 X 射线都无法做到

图 94　假的 X 射线机

的。不过，这个工具的构造其实很简单，图 94 清楚地为我们展示了一切。原来，管子里四面都装有 45° 倾斜的平面镜，光线通过这些镜面进行几次反射，似乎就绕过了前面阻挡的不透明物体。

这类工具在军事上的应用最为广泛。士兵们只需坐在战壕里就可以观察到敌军的一举一动，不需将头探出战壕外或者冒险走出去观察，他们可以通过一架叫“潜望镜”的仪器看到外面的情形（图 95）。

图 95　第一次世界大战时用的潜望镜

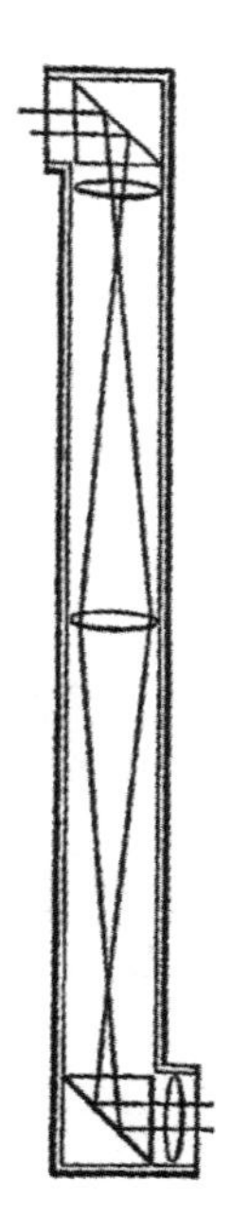
图 96　用于潜水艇上的潜望镜构造图

光线从射进潜望镜直至抵达人的眼睛，途径折射的过程越长，看到的视界就越窄小。要想放大潜望镜的视界，就必须在其中装上一连串的平面镜。然而，有一部分透过潜望镜的光线会被玻璃所吸收，所以物体的清晰度也会略有降低。这一点在一定程度上限制了潜望镜的高度，一般来说，最高也只能达到 20 米；如果潜望镜超过这个高度，它所得到的视界就会极为狭小，景象也十分模糊，阴天的时候尤为严重。

至于潜水艇上的战士，他们观测敌舰以准备攻击行动，也是利用潜望镜（图 96）：一根上端露在水面上的长管子。与陆地上使用的潜望镜相比，这种就相对复杂得多，不过原理是完全一样的。光线经过潜望镜上端的平面镜或三棱镜折射下来，顺着管子往下，再经过下端的平面镜反射，最后进入人的眼睛。

8.2 传说中“被砍断的人头”

我们常常在陈列馆或博物馆的巡回演出中亲眼见到这一惊人的“传说”：在你面前摆着一张桌子，桌子上有一个圆盘，而盘子中间竟然放着一颗生龙活虎的人头！观众们无不惊奇万分：这颗人头上的眼睛会转动，嘴巴会说话，甚至还能吃东西！虽然人们被障碍物隔开，离桌子的距离较远，但也可以清楚地看到，桌子下面空空如也，并没有任何身体躯干！

当我们为这一神奇的“传说”深深折服时，实际上只需要往那看似空荡荡的桌子下面扔一个纸团过去，就能解开这个谜底了：扔过去的纸团竟然……被反弹了回来！如果不是这个永远也扔不进桌子下面的纸团，可能这面“存在”的镜子会永远将我们蒙在鼓里，让我们对方才的“人头表演”深信不疑（图 97）。

图 97 “被砍断的人头”

我们只要在桌子腿之间放上一面镜子，就可以达到这种效果——让桌子下面看上去空无一物。不过，还要注意一点：必须确保镜子不能照到观众和房间里的其他物体。正是出于这个原因，表演的场地通常都要是空的；墙面的样式也要单一；地板也得是没有花纹的单色地板；而且，观众必须

与桌子隔开一定距离。

听起来这个谜底好像简单得可笑，但实际上我们也就只知道了谜底是什么，还不清楚其中的原理。

这个魔术还可以表演得更为逼真。表演一开始，魔术师先向大家展示一张空桌子，桌子的上面和下面没有任何东西。接下来，舞台上送过来一个封闭的盒子，盒子里看似装着一颗人头（其实盒子是空的）。魔术师把盒子放在桌子上，此时在桌子前遮起一道墙或帘子，等遮挡物撤去后，在观众面前呈现的就是盒子里的人头了。当然，读者们自然会明白，桌面上有一个空洞，有一个人坐在桌子下面，头部通过桌面的洞伸到没有底的盒子里，当然身体是被镜子遮挡住的。魔术师的花招还有很多，这里就不一一细说了，读者们可以试着自己去解读。

8.3 放在前面还是后面?

很多日常生活里十分普通的事情，许多人却都处理得并不合理。之前我们已经说过，不少人都不知道如何用冰来冷却食物——他们把食物放在冰的上面，而正确的做法应该是把它放在冰的下面。再比如，像镜子这种随处可见的物品，也不见得每个人都会合理使用。很多人在照镜子时，总会想当然地把灯放在身后，以为这样可以“把镜子里的像照

亮”，却不知道其实应该照亮他自己！

不过我想，这本书的女性读者一定都很有经验，她们肯定是懂得要把灯放在前面照亮自己的。

8.4 镜子可以看得见吗？

在这里我们来看另一个例子，这个事例更加说明了我们对镜子的认识还不足：就这个题目来说，肯定有许多人回答得并不正确，尽管他们每天也在照镜子。

如果你认为镜子是能够看见的，那你就大错特错了。一面优质且表面光洁的镜子是看不见的，我们只能看见镜面玻璃的边缘、镜框和镜子里反射的像；只要镜子本身没有污点，我们就看不见它。所有具备反射作用的平面都是看不见的，注意，是反射而不是漫射。（漫射，是指把光线反射到各个方向。我们通常将反射表面称之为磨光面，而漫射表面则称为磨砂面。）

正如方才两节讨论的问题一样，凡是利用镜子来完成的表演或观察，其依据的原理都是镜子本身这个“看不见”的特性，能够看见的都只是物体映在镜子里的像。

8.5 我们在镜子里看到了谁

想必会有不少人回答："肯定是自己呀，镜子里的影像就是我们自己的复制品，而且还是最精确的复制，每个细节上都一模一样呢。"

不过，这种精确度是你毫不怀疑的吗？打个比方，假如你的右脸上有一颗痣，可是镜子里的右脸却干干净净，什么都没有，而里面的左脸上反倒多了一颗原本属于右脸的斑点。你往左边拨弄头发，镜子里的你却在往右边拨；你扬起你的右眉毛，镜子里的左眉毛反倒扬起来了；你往衣服右边的口袋里放一块表，往左口袋里放一个记事本，而镜子里那位朋友却做着与你相反的动作：往左边口袋里放表，往右边口袋里放记事本。假如你再仔细观察镜子里面的钟表，你会发现一个更奇特的现象：表盘上的数字（原文是指罗马数字）顺序和位置都变得十分奇怪（图 98 所示）。比如，数字 12 不见踪影，而原先 12 的位置却变成了数字 8，数字 5 又跑到了 6 的后面……不仅如此，连镜子里的指针走向也与正常的方向相反。

最后你得出结论：镜子里的那位朋友有着你绝不可能拥有的行为习惯——不管是吃饭、写字，还是做缝补，他都是用左手进行的；就连你跟他打声招呼问个好，他都会伸出左手来。他是个左撇子！

图 98　钟表在镜子里的像

而且你还会很迷惑，那位朋友看上去并不像“文盲”，但也绝不是个正常的文化人。当你在笔记上做一些摘抄时，你会发现他也在用左手画出一些奇形怪状的符号。

难道你认为，你自己最精确的复制品就是这样一个人？你判断自己的依据就是他的外形和体态特征？

站在镜子面前，假如你认为里面的那位朋友就是你自己，最后你就会迷糊了。几乎每一个人的面貌、外形和着装都不是左右完全对称的（通常我们都会这么认为）：左半边并不一定与右半边一模一样，而你自身右半边的特点，跑到镜子里就变成了左半边的特点，镜子里的这个朋友与你的真实模样相差甚远。

8.6 在镜子前面画图

下面图 99 的实验更清晰地说明了这一点：物体的原样并不与镜子里的像完全相同。

图 99　在镜子前面画图

将一面镜子竖直放在你的面前，然后拿一张白纸，铺在镜子前面的桌子上。现在，要求你在纸上随便画一个图案，一条对角线或一个长方形都可以。不过这里有一点要求：画的时候你只能看着镜子里的手的像，不能低头看自己的手画。

这时你就发现了，原本十分容易的一道题，结果却几乎

没办法完成。这么多年，我们早已习惯了视觉与动作在知觉上的协调性，而这种协调就被镜子破坏了，因为我们手上的动作在镜子里都走了样。每一个动作都与这多年的习惯发生冲突，你试图往右边画一条直线，而你的手却得向左边移动。

如果要求你画的是较为复杂的图形，而不是这么简单的图，甚至是让你写些东西，那么，只要你是望着镜子里的像来画的，得到的结果都会让你更为吃惊：你画出的图一定会更加混乱，而且十分可笑！

同样反转的还有吸墨纸上吸印的字。试着去读一读吸墨纸上的字，我想这绝对不是件容易的事；所有的字体形状都与正常的截然不同。但是，如果你在这张吸墨纸前面放一面镜子，就很容易从镜子里认出这些字来。因为吸墨纸上反转的字迹，又在镜子中反转回正常的形状了。

8.7 捷径

众所周知，在同一种介质里，光的传播是以直线进行的，换种说法，就是按照最近的路线完成的。然而，当光从这一点射出后，并不是直接到达另一点，而是通过镜面的一次反射才到达终点，那么它选择的行进路线也依旧是最短的。

我们来看一看光的行进过程。假定图 100 上的 *A* 点（蜡烛）代表光源，线段 *MN* 代表镜面，*C* 点代表人的眼睛，那么线 *ABC* 则表示了光线从蜡烛到人眼的行进路线。直线 *KB* 是 *MN* 的垂直线。

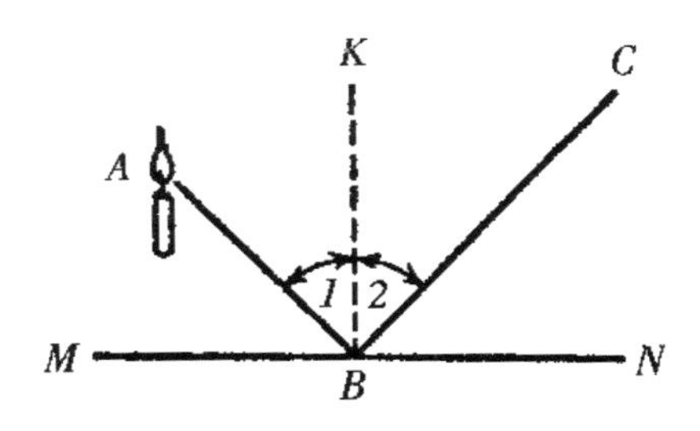

图 100　入射角∠1 与反射角∠2 相等

由光学定律可知，入射角∠ 1 与反射角∠ 2 的角度相同。从这点来看，从 *A* 点出发的光线经镜面反射到达 *C* 点的所有可能的路线中，很容易就能证明最短的一条是 *ABC*。我们可以将光的路线 *ABC* 与另一条路线 *ADC*（图 101）进行比较。从 *A* 点作一条 *MN* 的垂直线 *AE*，延长 *AE* 与 *CB* 直至相交于 *F* 点，连接 *F*、*D* 两点。首先要证明△*ABE* 与△*FBE* 是全等的。这两个三角形有公共的直角边 *EB*，且都有一个角是直角；另外，△*EFB* 等于△*EAB*，因为它们分别等于角∠2 和角∠1；这就证明了△*ABE* 全等于△*FBE*。这

就得到结果：$AB = FB$，$AE = FE$。接下来要证明△ADE和△FDE这两个直角三角形全等：ED为公共直角边，而已得$AE = FE$，所以以上结论成立，而自然也就证明了AD与FD相等。

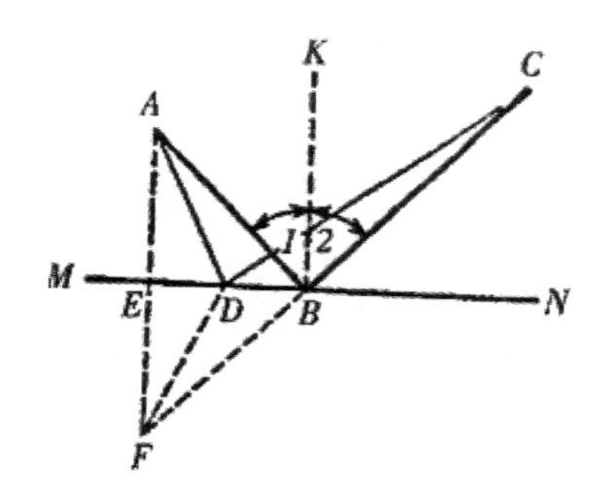

图 101　光线在反射后走的路线仍旧最短

由此可见，因为$AB=FB$，那么路线ABC也就等于路线FBC，而路线ADC就可以用相等的路线FDC代替。将FDC与FBC相比较，结果很明显：折线FDC显然比直线FBC更长，也就是说，路线ABC比ADC更短，这就是我们方才要证明的观点！

不管D点处在什么位置上，只要反射角与入射角相等，那么路线ABC总是短于ADC。所以说，光源经镜子反射后再到达人眼的所有可能的行径路线中，最短的一条路线就是

ABC。还在二世纪之时，希腊亚历山大城的著名机械师和数学家希罗就已经指出了这一点。

8.8 乌鸦的飞行路线

在上一节中我们学会了如何选择最短的路径，那么，现在就可以回答一些稍稍复杂的问题了。以下问题就是其中的一个典型。

一只乌鸦在一棵树上歇息，树下到处撒着谷粒。乌鸦飞下树枝，从地上衔起一粒谷粒，然后停在对面的栅栏上。问题：要使乌鸦飞行的路线最短（图 102），它应该在什么位置衔取谷粒？

图 102　乌鸦的问题。请指出它飞上栅栏的最短路线

这与上一节的题目几乎完全相同，所以就很容易得出答案：乌鸦飞行的路线应该使∠1与∠2相等（图103），也就是模仿光的路线。显而易见，这就是最短的路线。

图103　乌鸦问题的答案

8.9 关于万花镜的新旧材料

我们小时候都玩过一种叫作“万花镜”的玩具（图104），它利用光线通过平面镜反射与折射的原理，让人们欣赏到各种美轮美奂的图案；当你随意转动万花镜时，还会看到千变万化的景象。它看起来很普通，但是，至于一个万花镜究竟可以变出多少种图案，真正知道这点的人也寥寥无几。如果你现在有一个万花镜，里面的碎玻璃有20块，而且每分钟

转动万花镜10次。那么，你总共需要多长时间，才能看完这个万花镜里的所有花样？

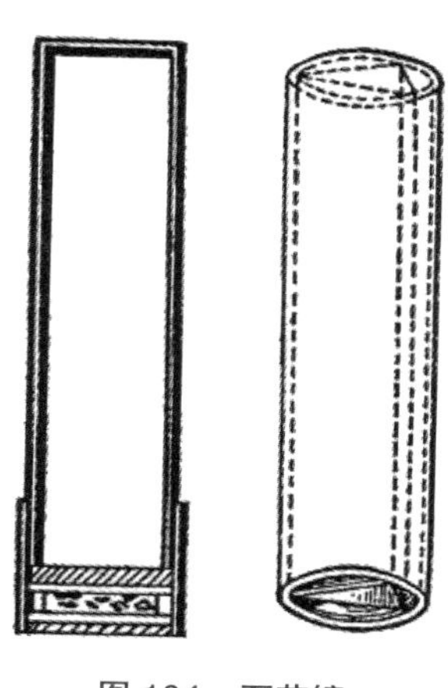

图104　万花镜

就算你有最丰富的想象力，恐怕也不可能猜出这个答案来。要想让这个万花镜里的一切全部都变完，估计得等到山穷水尽了。

那些装饰艺术家很早就注意到了这种可以千变万化的万花镜。虽然艺术家们的想象力也十分丰富，但与万花镜的天才发明家相比，难免就相形见绌了。万花镜能够瞬时制造出美妙惊人的花纹图样，为织造品和糊墙纸提供了新颖奇特的图案。

现在这个年代，万花镜这种玩具已经不再吸引人们的兴趣了，然而，远在一个世纪以前，它还备受广大群众的青睐。那时候万花镜还是个新颖的发明，人们对它展现出了极大的热情，甚至有许多人写下诗句或散文来赞颂它。

万花镜刚刚在俄国出现的时候，立刻掀起了当地一阵追捧和赞扬的热潮。1818 年 7 月，寓言作家伊兹迈依洛夫在杂志《善意者》上刊载了一篇关于万花镜的文章，文中说道：

四处都张贴着万花镜的广告，我就设法弄来了这个奇特的玩意儿——

我朝里面望过去——我的眼前呈现出怎样一幅画面来？

各种各样的花纹图样、星形图案相互交错，

我看到了青玉、红玉和黄玉，

还有金刚钻，还有绿柱玉，

也有紫水晶，也有玛瑙，

也有珍珠——就在这一瞬间，我全都看到了！

我稍稍转动了一下万花镜，又有新奇的花样出现在眼前！

事实上，不管是散文还是诗歌，都无法确切描绘出万花镜里呈现出的千变万化的美景。只要你稍稍动一下手，万花镜里就会立刻变换出另一种花样来，而且这些美丽的图案各不相

同。如果能把这些美妙的图样绣到布匹上，那该有多美好呀！然而，这么艳丽的丝线要到哪里去寻找呢？这的确是个消遣的美差，万花镜可比那些无聊的游戏有趣多了。

据说17世纪时期就已经有了万花镜，而在它改进之后，不久前又重新流行起来。有一位法国贵族为了定制一个万花镜，花费了整整2万法郎。他要求工匠师在万花镜里放上最贵重的宝石。

接下来，这位作家讲述了一个与万花镜有关的幽默故事，故事的最后，他以那个时代特有的一种落后农奴的忧郁语调，为整篇文章画上尾声：

罗斯披尼，万花镜的制造者，以制造优质光学仪器闻名的皇家物理学家和机械师，他的万花镜每个只需要20卢布。毋庸置疑，比起他的理化讲座来看，喜欢这个玩意儿的人显然更多，不过，令人遗憾又颇为奇怪的是，这位发明家的理化讲座却从来没给他带来什么好处。

在很长一段时期，万花镜都只是充当一个玩具的角色。直到今天，它才被用来制作各种精美的图案花纹。前不久出现了一种仪器，它能够把万花镜里的图案拍摄下来，这样的

话，万花镜就可以发挥更多的作用了，而人们也可以利用各种工具变出更多的花样来。

8.10 迷宫和幻宫

如果你变身成万花镜里那一块块的玻璃碎块，你会体验到什么样的奇妙感觉呢？当然，我们可以通过实验来亲自感受一下。1900年，世界博览会在巴黎举行，当时就曾有一次这样的机会——那儿有一座所谓的“迷宫”——事实上只是一个原地不动的巨大万花镜。这座大厅是六角形的，每一面墙壁上都装有极其光洁的大镜子，每个角落上也都立着柱子，墙上的檐板与天花板连接在一起。当人们走进大厅时，立刻就会置身于数不清的大厅和柱子中间，身边仿佛拥挤着无数个同自己一模一样的人；这个人群和大厅从四周向他包围过来，延展到他的视野之外，到他目不能及的地方。

来看图105。图上那6个画着横直线的大厅，是中间那个原来的大厅经1次反射后得到的像。画着竖直线的大厅共有12个，是经2次反射所得到的像。经3次反射后，大厅又增加了18个（画着斜线的大厅）。每增加一次反射，也就增加一次大厅的数目，而镜面的光洁程度以及相对的两面镜子平行的精确度就决定了大厅的像的总数。通常来说，经过

12 次反射所得到的像还是能够辨别出来的，这也就意味着，我们在大厅中央一共可以看到 468 个大厅。

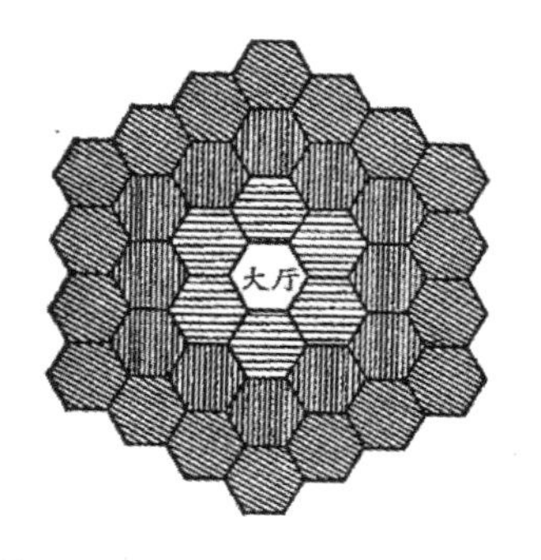

图 105　经过中央大厅墙壁上的 3 次反射，得到了 36 个大厅

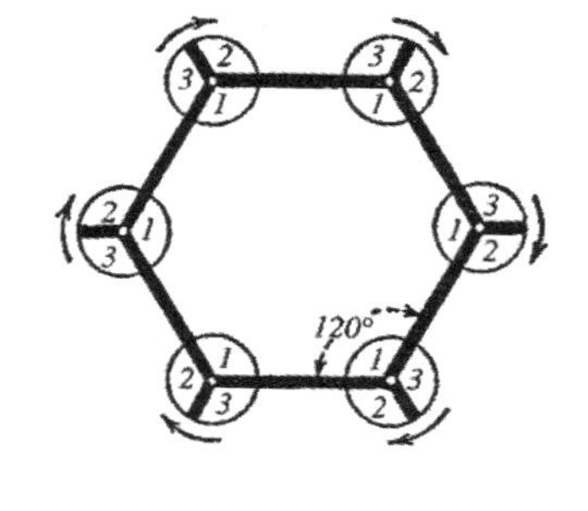

图 106　“迷宫”的构造简图

只要了解光的反射原理，一定也都明白这种景象出现的原因：在这个大厅里，有 3 对平行的镜子和 12 对不平行的镜子，这些镜子可以产生多次反射，这自然是正常的事情。

在巴黎博览会上还有另外一座“迷宫”，为人们展现出了更加美妙的光学现象。这座“迷宫”的设计者不仅设计出了多次反射，还设计出了能够在瞬息转换全部景象的装置，就好比制造了一个可以活动的巨型万花镜，里面装着前来参观的人一样。

这座“迷宫”里的景象是这么变换的：每一块由镜子组成的墙，在墙角附近的位置竖直割裂开来，这样的墙角就可

以围绕柱子的中心轴旋转。看图 106，有三个墙角∠1，∠2，∠3，可以变化出三种不同的场景来。如果墙角∠1 夹的是热带雨林的风光，而墙角∠2 夹的是阿拉伯式大厅式的布景，墙角∠3 则是印度庙宇的风格（图 107）。现在，只要你按下转动墙角的开关，大厅里原本的热带雨林风光就会突然变成阿拉伯大厅或者印度庙宇了。看起来很神奇，但原理也很简单：它只是利用了光的反射而已。

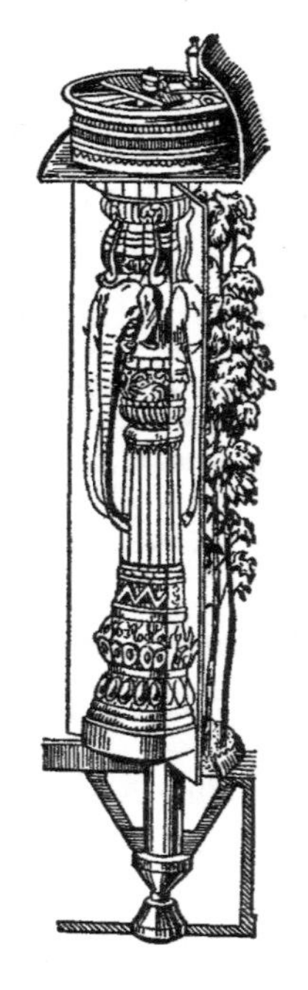

图 107 “迷宫”的秘密所在

8.11 光为什么和怎样折射?

光在穿过两种不同介质的过程中，其行进路线一定是曲折的，许多人都认为这是大自然在发脾气。的确，光从一种介质进入另一种新的介质时，为什么不能保持原有的方向行进，而必须曲折路线、改变方向呢？至于这一点，我们看以下的情形就会明白——在容易走和不容易走的两种路面交界的地方，军队的行进情况有什么不同。关于这个问题，19 世纪的物理学家、天文学家赫歇耳说了这样一番话：

假设有一队士兵正在行进，行进过程中有一段路是平坦易走的，另一段是凹凸不平的，走起来速度会下降很多。这两段路的分界线正好是一条直线。然后，我们再假定这条分界线与这一队士兵的正面呈某个角度，那么，这一横排的每个士兵就不会在同一时刻到达这条直线，而是有先有后。一旦士兵踏上分界线，从平坦的路转到难走的路上，行进速度就必然会比以前慢一些，那么，也就无法再与还没跨越分界线的同一排兵士保持原先的直线，而是会慢慢地落在后面。此时，如果士兵继续依照原有的队形前进，并不打乱队伍，那么跨越分界线的士兵就会落在其他士兵后面，而这两部分士兵也就会在分界线的

相交点上形成一个钝角。同时，每一个士兵还要保持同一个节奏的步调行进，不能抢先也不能落后，所以士兵前进的方向就会与新队伍的正面形成一个直角，由此可见，跨越分界线的士兵之后的行进路线，第一，会垂直于新队伍的正面，第二，行进路程的距离与同一时间内平坦路面上的行进距离之比，正好等于新的行进速度与旧速度的比。

我们可以利用手头现有的东西来做个小实验。找一块桌布，盖住一半桌面（图 108），然后让桌面略微倾斜，在高的那头放上一对装在同一轴上的小轮子（可以从汽车玩具上拆卸下来这样的小轮子），让它们滚下去。如果轮子是以与桌布的边垂直的方向滚下去的话，那么在经过分界边时，滚动方向就不会发生改变。这表示了光学里的一条定律，就是垂直射向不同介质分界面的光线，是不发生折射的。但是，假设轮子滚动的方向与桌布的边形成某个偏斜的角度，那么当轮子滚到桌布的边缘时，方向就会改变。这就是说，当物体到达行进速度不同的介质交界处时，行进方向就会发生弯折。在这儿我们发现，轮子从没有桌布的那部分（行进速度较大）滚到有桌布的那部分（行进速度较小）时，滚动方向是往分界线的垂直线（或者所谓的“法线”）靠近的。当情形相反时，就会折离这条垂直线。

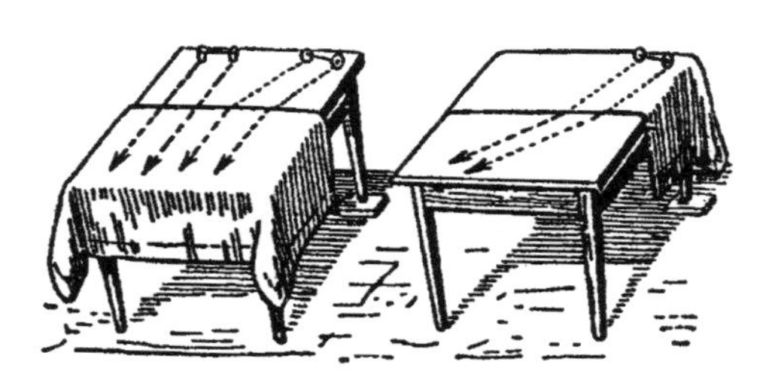

图 108　解释光的折射的小实验

我们不难得出，光的折射产生的基础原理就在于光在两种不同介质里的行进速度不同。这两种速度相差的程度越大，折射的程度也就会越大；这两个速度的比值，也就是所谓的“折射率”，表明了光线的折射程度。我们知道，光从空气进入水中的折射率为 4/3，那么就可以得出，光在空气里的行进速度，就是在水中行进速度的 4/3 倍。

这里还表明了光在传播时的另一个特性。假设光是依照最短的路线进行反射的，那么折射时所走的路线也是最快的路线：只有这一条折射路线可以使光迅速抵达它的“目的地”，其他任何方向的路线都不具备这种可能性。

8.12 什么时候走长的路比短的路更快？

从上一节的结论来看，好像走折曲的路反而比走直线要更快到达终点。难道事实真的如此？不错，假设全程各个路

段的行进速度不同，那么以上观点就完全正确了。

譬如说，假定某人的居住地位于两个火车站之间，并且离其中一个车站距离更近。他希望能尽早到达较远的那个车站，于是选择骑马前往离他较近的车站，然后再搭乘火车去往目的地。现在我们来看，从他的住所到达目的地，假定选择骑马前行，那么所走的路程会比较近，然而他却选择骑马走向相反的方向，搭乘火车去走更长的一段路。这是因为，这种方式要比直接骑马前去要更快。在这一情况下，选择长距离就比短距离能更早抵达目的地了。

我们不妨花点时间看看另一个例子。一个通讯员要骑马从 *A* 点送一份报告到 *C* 点的司令处（图 109）。他所在的位置与司令处中间隔着一大片草地和沙地，草地和沙地之间以直线 *EF* 为分界线。马儿在沙地里很难快速行走，这儿的速度大

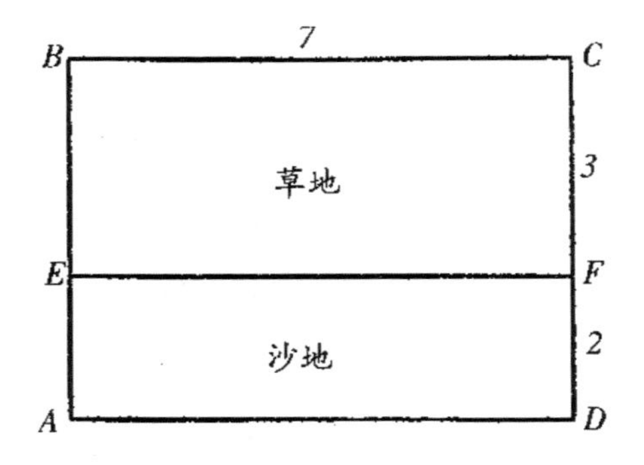

图 109　通讯员的问题。指出从 *A* 点到达 *C* 点的最快路线

约只有在草地上的一半。现在问题如下：这个骑马的通讯员应该选择什么样的行进路线，才能在最短时间内把报告送到 C 处？

最初看来，从 A 到 C 的直线自然应该是最快的路线。但这其实是错误的，而且通常也不会有通讯员选择走这条路线。他很清楚在沙地上行走的困难，所以他知道正确的选择应该是尽量缩短在沙地上行走的路程，也就是在沙地上的路径越少倾斜越好；与此同时，这会使在草地上的路程增加，但也还是更有利的，因为草地上的行走速度相当于沙地的两倍，所以相比之下，走完全程的时间会更短。也就是说，他的行进路线应该以草地和沙地的分界线为转折点，使草地上的路线与分界线垂线所成的角度，大于沙地上的路线与分界线垂线的角度。

只要你懂几何知识，就可以利用勾股定理来证明最快的路线并不是直线 AC。就拿这个图上的尺寸来看，最快的路线是 AEC 折线。

若图 110 上注明，沙地宽 2 千米，草地宽 3 千米，BC 长 7 千米。根据勾股定理可知，AC 的全长就等于：

$$\sqrt{5^2+7^2}=\sqrt{74}\approx 8.60\text{千米。}$$

在这里，沙地上走的路线为 AN 部分，我们很容易得出 AN 是全程的 2/5，就是等于 3.44 千米。而草地上的速度是

沙地上的两倍，也就是说，走 3.44 千米的沙路所花的时间足以在草地上走 6.88 千米。所以，如果走完 8.6 千米直线 AC 的全部路程，所花的时间就足以在草地上走 12.04 千米。

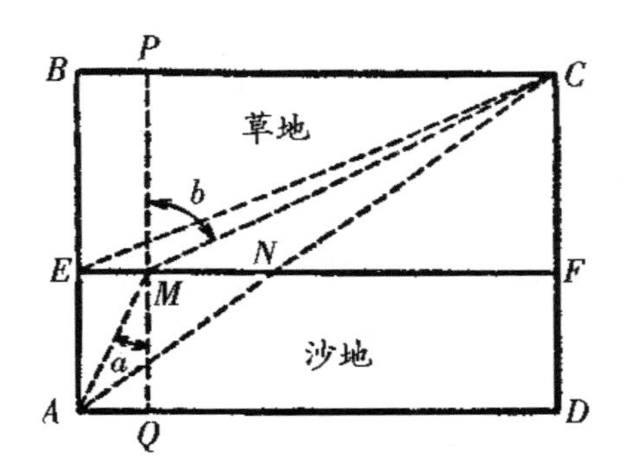

图 110　通讯员问题的答案。AMC 为最快路线

接下来，我们用相同的方法计算折线 AEC 路程。AE 部分是 2 千米，走完这部分所需的时间相当于草地上走 4 千米的时间；至于 EC 部分：

$$EC=\sqrt{3^2+7^2}=\sqrt{58}\approx 7.61\text{千米。}$$

将这两者相加，走完 AEC 折线所需的时间，就等于在草地上走 4 + 7.61 = 11.61 千米。

这样看来，原本认为更“短”的直线路程，其实就等于在草地上走了 12.04 千米，而看似更“长”的折线路程，实

际上等于在草地上走了 11.61 千米。你看，看似更“短”的路竟然比“长”的路多出了 12.04 - 11.61 = 0.43 千米，也就是半千米左右！这儿我们还没说明最快的路线是哪条。从理论上看（这里需要三角学知识帮忙了），当∠B 的正弦与∠A 的正弦之比（sinb : sina）跟草地上的速度与沙地速度之比相等时（就是 2 : 1），其路线最快。这也就是说，必须使 sinb 是 sina 的两倍，才能得到最快的路线。这时候分界线的 M 点与 E 点之间的距离应该是一千米。此时：

$$\sin b=\frac{6}{\sqrt{3^2+6^2}}\text{，而}\sin a=\frac{1}{\sqrt{1^2+2^2}}\text{，}$$

sinb 和 sina 的比是：

$$\frac{\sin b}{\sin a}=\frac{6}{\sqrt{45}}:\frac{1}{\sqrt{5}}=2\text{。}$$

恰好等于两个速度的比。

假设将这全部路程换算成在草地上的行走路程，那有多远呢？我们来计算一下：$AM=\sqrt{2^2+1^2}$，这相当于在草地上走 4.47 千米，$MC=\sqrt{3^2+6^2}\approx 6.7$ 千米。全程长 4.47+6.7 = 11.17 千米，而已知那段直线路程等于草地上的 12.04 千米，因此，这段路程也就比直线路程短了 0.87 千米。

这时我们就明白了，在这道题的情况下，走弯折路程要比走直线路程更加有利。光线选择的路线也正是这一条

捷径，因为这题当中所有数学上的要求与光的折射定律完全吻合：光在新介质里的行进速度与旧介质速度之比，正好等于折射角的正弦与入射角的正弦之比（图 111）；除此之外，光在这两种不同介质间的折射率也与这个比值相等。

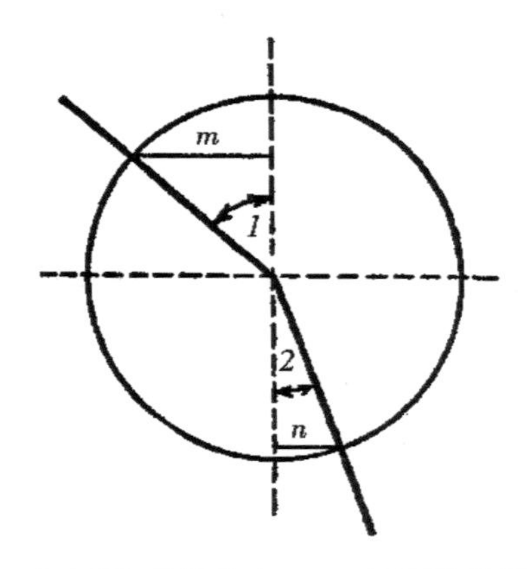

图 111 “正弦”是指什么？∠1 的正弦就是线段 m 和半径的比，∠2 的正弦是线段 n 和半径的比

将光的折射和反射定律相结合，就可以得到结论：不论在什么情况下，光线的行进都选择了最快的路线，这就是我们在物理学上说的“最快到达原理”，即费马原理。

假定这个介质并不均匀，它的折射程度是依一定规律变化的，比如大气——在这种介质里，最快到达原理也依然适用。这就说明了天体发出的光线为什么会在大气中产生轻

微的折射现象，天文学家将这种折射称为“大气折射”。地球上的大气随高度增高密度递减，光线穿过这样的大气到达地面，其折射路线就会呈现出凹状。在上层空气中，光线行进的速度比较快，时间也比较久，而在下层空气中行进速度变慢，走的时间就更短；那么与直线路径相比，这种路线就可以更快到达地面。

费马原理除了适用于光的现象以外，同样也适用于声音的传播以及任何一种类型的波动。

现在大家一定很想了解，应该如何解释波动的这一特性。从最近时期的物理学理论来看，这种特性发挥了很重要的作用。在这里，我将向大家介绍一下现代物理学家薛定谔对于这一点所作的说明。

从最初所说的士兵行进的例子开始，同时这里假定光线的传播在密度逐渐改变的介质里进行，这位现代物理学家说道[1]：

假设每个士兵手里都握着一根长竹竿，以保持队伍正面的整齐性。现在，司令员命令每个人必须全速前进！如果地面上的情形是逐渐变化的（这里就相当于密度逐渐变化的介质），

[1]　1933 年薛定谔在斯德哥尔摩接受诺贝尔奖时宣读的报告。

譬如说，开始时队伍右边的部分移动得更快，之后左边的部分才紧跟上去——在这种情况下，队伍正面也就自然会转过去。这儿我们会知道，他们的前进路线是经过曲折的路径，而不是直线。而且显而易见，这一条路径应该就是到达目的地最快的路线，因为每个士兵都用了自己最大的速度。

8.13 新鲁滨孙

儒勒·凡尔纳在他的小说《神秘岛》里，讲述了几位主角到了那人迹罕至的荒地，在没有打火器和火柴的情况下是如何生火的。众所周知，鲁滨孙利用闪电来取火，他依靠闪电点燃了一棵树——至于《神秘岛》里新的鲁滨孙，他并不是依靠外界的偶然帮助来取火的。他依靠的是自己渊博的物理学知识以及那位博学多才的工程师的智慧。

如果你读过这个故事，你应该还能记起这样一个场景：当那位天真的水手潘克洛夫打猎归来时，惊奇地发现那位通讯记者和工程师坐在一个熊熊燃烧的火堆前。

水手吃惊地问道："这火是谁生的？"

史佩莱回答说，"太阳啊。"

这位记者说的并不是玩笑话。确实，这个令水手颇为吃惊

的火堆，竟然就是太阳的作品。水手简直无法相信眼前的景象，他诧异得说不出话来，甚至忘记了向工程师询问是怎么回事。

“那么，你是用放大镜点燃的吧？”终于，水手向工程师问道。

“不是，不过呢，我自己做了一面。”

工程师一边说着，一边向水手指向那面放大镜。这面放大镜由两块玻璃组成，玻璃是从史佩莱和工程师自己的表盘上取下来的。他将两块玻璃合在一起，中间灌满水，然后接合处用泥土粘好，这样就大功告成了。工程师利用这一面地道的放大镜来聚集太阳光，使焦点对在干燥的枯草上，不一会儿，火就燃烧了起来。

在这里，我想读者们一定都有个疑问：两块玻璃中间为什么要装满水呢？如果不装水的话，难道玻璃中间的空气就无法聚集太阳光吗？

事实就是这样，的确不能使太阳光聚焦在一点上。表盘上取下来的玻璃的内外面是两个同心球面，是相互平行的面；而物理学知识告诉我们，光线在透过这种表面平行的介质时，行进方向几乎不会发生弯折；而紧接着光线又穿过了另一个同样的玻璃块，自然也不会在这里发生弯折，所以，光线穿过这两块玻璃后是不会聚焦的。要使光线能够聚集到焦点

上，就必须在这两块玻璃之间加入另一种介质，这种介质不仅要使光线发生的弯折大于在空气中的弯折，而且还要是透明的。因此，小说里这位工程师就在两块玻璃中间装满了水。

假设有一个球形的普通玻璃瓶，我们也可以用它来取火。很早以前人们就知道了这一点，而且他们还注意到，瓶子里的水在这个过程中竟然一直是凉的。曾经有过这样的事：一扇打开的窗户上放有一个盛水的圆瓶，而台布和窗帘竟然被点燃了，桌面也被烧坏了。在过去，人们经常用装有颜色的水的大圆瓶来装饰药方的橱窗，殊不知这种装饰其实隐藏着极大的危险性：它很容易就能点燃周围放置的易燃药物。

一个盛满水的小圆瓶可以聚集太阳光，将表玻璃里装的水烧沸：这个小圆瓶的直径只需 12 厘米就可以了。假如圆瓶的直径有 15 厘米，那么焦点[1]处的温度可以达到 120℃。如果用装有水的圆瓶来点燃香烟，就和用玻璃透镜一样简单。罗蒙诺索夫在他的诗篇《谈玻璃的用处》里，就提到了用玻璃透镜来点燃烟草的情形，诗中的描写是这样的：

在这儿，我们利用玻璃取得了太阳的火焰，

以普罗米修斯为榜样，快乐地学习着。

---

[1] 这里的焦点离圆瓶的位置极近。

那些卑劣的无稽谣言只能配以咒骂声，

用天火来吸烟，何罪之有！

不过我们要明白，与玻璃透镜的取火作用相比，这种由水做成的透镜要弱很多。原因有两点：第一，光线在玻璃里的折射要远远大于在水里的折射；第二，光线里大部分红外线都被水吸收了，而这些红外线本身大大有助于加热物体。所以，我们只要很简单的计算就能证明：儒勒·凡尔纳小说中描述的这种“聪明的”取火方法，实际上并不怎么可靠。

令人惊讶的是，古代的希腊人就已经了解到玻璃透镜的这种特性，而这个时代比发明望远镜和眼镜的年代还要早一千多年呢。著名的古希腊喜剧诗人阿里斯托芬（约公元前448—前380）在自己的著作《云》里就提过这件事情。在这个著名的喜剧里，索克拉特向斯特列普吉亚德问了一个问题：倘若有人说你欠他五个塔兰特[1]，而且还向你提供了这张债券，你要用什么方法来销毁它？

斯：我有办法可以销毁这张债券了！而且这个办法十分完美——你不得不赞叹它多么高明！你一定在药房里见到过某

[1] 古货币名。

种用来点燃东西的透明玩意儿吧？

索：你是说那个“取火玻璃”？

斯：就是它。

索：那么，然后呢？

斯：一旦公证人开始下笔，我把这玩意儿放在他后面，让太阳光聚集起来，烧掉那张纸……

在这里，我要给读者提一个醒，以便能更好地了解这点：在阿里斯托芬时期，古希腊人都会把字写在涂有蜡的木板上，而这种蜡一旦吸收热量，就会迅速熔化。

8.14 怎样用冰来取火？

实际上，我们也可以用冰块来制作透镜，只要冰块足够透明，就可以用来取火。光线在通过冰块发生折射时，并不会使冰块本身升温或融化，而冰块的折射率仅仅比水低一丁点儿，所以，既然我们可以用装水的圆瓶来取火，自然也可以用冰块制成的透镜取火。

在儒勒·凡尔纳的小说《哈特拉斯船长历险记》里，冰块透镜发挥了极大的作用。在零下 48℃这种极冷的天气下，这批丢失了打火器的旅行家陷入了无法取暖的境地，而克劳

波尼博士就采取了这种办法，为他们点起了火。

哈特拉斯对博士说："这简直糟糕透了！"

博士回答道："是啊！"

"连个望远镜我们都没有。要是有望远镜，至少还能把透镜取下来用来取火呢。"

"是的，"博士说道，"可是太不幸了，我们竟然什么都没有；倒是这太阳光足够强烈，要是有透镜的话，就有办法点燃火绒了。"

"那该怎么办？难道我们只能生吃熊肉来扛饿了？"哈特拉斯说。

"嗯，我想，必要时也只能这样了，"博士说完，低下头沉思了起来，"不过，我们为什么不……"

"不什么？你想到了什么方法？"哈特拉斯着急地问道。

"我想到了这么一点……"

"哪一点？"水手长叫了出来，"只要你能想到办法，我们就有救了！"

博士看着他们，犹疑不定地说道："不过，能不能成功还不一定。"

"那究竟是什么办法？"哈特拉斯好奇地问。

"既然我们需要透镜，那就想办法造一个出来。"

水手长饶有兴趣地问道：“这个怎么造？”

“用冰块。”

“啊？不是开玩笑吧……”

“当然不是。我们只不过需要把太阳光聚焦在一点上，用冰块跟用最好的水晶效果是一样的。不过，我得用一块淡水冰块才行，这要更透明一些，也更坚实。”

“这块冰块，”水手长一边指着一百步外的一块冰块，一边说道，“如果我没弄错，看这块冰块的颜色，它刚好就是你需要的那种吧。”

图 112　博士将太阳光聚焦在火绒上

“你说得没错。带上斧头，走吧，兄弟们。”

这三个人一起朝那个冰块走过去。显然，它的确是由淡水冻结而成的。

博士吩咐要砍下一大块冰，这块冰的直径约有一英尺大小，这三个人先用斧头将冰砍成平的，然后再用小刀细修，最后用手磨平冰的表面，一块透明的透镜就做成了。这块透镜看上去十分光洁，好像就是用最好的水晶制成的一样。这时，太阳光依旧还很强烈。博士拿起这块冰，迎向太阳光，将光线全都聚焦到火绒上。没过几秒钟，火绒就燃起火来。

儒勒·凡尔纳所讲的故事并不全是凭空幻想的，早在1763年，英国就有人成功地完成了这个实验：用极大的冰块制成一面大透镜，并且用它点燃了木料。自那时起，人们多次进行这项实验，都取得了圆满的结果。不过，在零下48℃这种严寒的天气下，利用斧头和小刀做出一块透明的冰块透镜，这绝非是件容易的活儿——我们还可以用另一种更简单的方法：找一个形状合适的碟子（图113），往里面加上水，等水自己结冰后，再略微加热一下碟子底部，就可以将做好的冰块透镜取出来了。

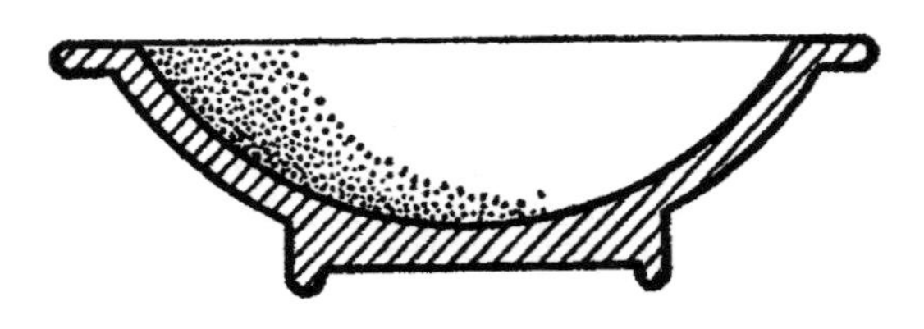

图 113　用来做冰块透镜的碟子

还要注意一点：这个实验必须在一个严寒的晴天户外进行，不能在室内隔着窗户玻璃进行，因为太阳光里的大部分热量会被玻璃吸走，剩余的热量是不足以让物体燃烧起来的。

8.15 请太阳光来帮忙

在冬天进行以下这项实验也很容易。取两块大小相同的布——一块黑色，一块白色，将它们分别放在阳光照射的雪面上，然后观察一两个小时后的变化。你会发现，黑布在一小时后陷入雪里了，而白布依然留在雪面上。为什么会出现这种情况？答案很简单：黑布将照射过来的太阳光的大部分热量都吸收了，下面的雪自然会融化得更快一些；白布的情况则恰好相反，它将大部分的太阳光都反射了回去，所以，它所获得的热量远远小于黑布。

针对这项有趣的实验，美国著名政治家、物理学家富兰

克林曾经这样描述道：

我从裁缝那儿拿了几块不同颜色的方形布片，它们有绿色的、红色的、黑色的、暗蓝色的、鲜蓝色的、紫色的、白色的以及其他各种颜色。在一个阳光充沛的清晨，我拿着这些布片，把它们全都放在雪面上。过了几个小时，吸热最多的黑色布片深深陷入了雪里，这个深度连阳光几乎都照射不到；深蓝色布片也同样陷入雪里，深度基本与黑布相同；鲜蓝色陷入的深度要浅很多；其他各块布片当中，越鲜明的颜色则下陷得越少。而白色的布片呢，丝毫没有往下陷，依然停留在原先的雪面上。

富兰克林不无感慨地说道：

针对某个理论来说，如果我们不能从中得到一些有用之处，那它还有什么存在的价值呢？就这个实验来看，我们难道不能得出这样的结论：在热天里穿白色衣服比穿黑色更适宜，因为黑色对太阳光的吸收会使我们的身体变得更热，而我们自身的活动同样也会产生热量，这就导致我们感觉更热？在夏天里难道不应该戴白色的帽子，以防我们吸收太多的热量引发中暑？另外，难道涂黑的墙壁不会在白日里吸收

足够多的阳光，可以在夜间仍然保有一定的热量，以便于保护水果不致冻坏？那些细心观察的人，难道不能在此处发现更多有意义有价值的大大小小的问题吗？

至于这一结论对现实生活有什么实用意义，1903年去往南极探险的“高斯”号轮船就给了我们答案。当时，这艘轮船被冻结在冰里，所有人都对这个状况束手无措。人们尝试了一切能够想到的方法试图帮助它摆脱困境，甚至用上了炸药和锯子，但这也仅仅只炸开了几百立方米的冰块，轮船依旧被冻结在那儿无法脱身。最后，在万不得已的情况下，人们只能试着求助于太阳光了：人们在冰面上铺了一层长2千米，宽10米的黑灰煤屑，从轮船的边缘一直到冰上的最近一条裂缝处通通铺满。那时候南极刚好到了夏天，连续数日都是晴朗的天气——所以，炸药和锯子无法完成的任务，太阳光竟然做到了：铺满黑灰的冰层逐渐融化开来，从裂缝处开始破裂，轮船至此终于摆脱了冻结的困境。

8.16 关于海市蜃楼的新旧材料

至于海市蜃楼现象出现的原因，相信大家都已经有所了解。沙漠里的沙地在太阳光的连续炙烤下不断升温，靠近地

面的热空气密度就小于上层空气的密度，这就导致它产生类似于镜子的效果。从遥远的地方射来的倾斜光线，穿过这些密度不同的空气层，行进路线自然会发生弯折，光线在射向地面后又弯折向上，射进观察者的眼睛里，这种情形就同物体以极大的射角从镜子里反射过来的一样。因此，观察者就仿佛看到眼前有一片水面在缓缓展开，岸边所有的景色都从中反映了出来（图 114）。

图 114 沙漠里的海市蜃楼是如何形成的。这幅图经常被教科书使用，但实际上它有些过分夸大，光纤的路径画得过于陡直了

更确切地说，应当是接近地面的热空气层对光线反射的情形并不像镜面，而更像自水底朝水面望去的场景。这里所产生的反射并不是一般的反射，而是物理学上称为“全反射”的情形。得到这种全反射，需要光线以极为倾

斜的角度射向这个空气层——远远比图114上的情况更加倾斜；只有当入射角大于“临界角”时，才能得到全反射。

另外，我们来看看这个理论中容易造成误解的部分：依照以上这种解释，靠近地面的空气层密度要比上层的空气密度小，但同时我们知道，密度大的空气层重量也大，应该往下沉，而密度小的空气层就会被挤到上面去。这里，为什么密度大的空气层并没有沉下去，反而留在上面产生了海市蜃楼景观呢？

这个解释十分容易：密度较大的空气层在上面这种情况，虽然不会出现在稳定的空气环境里，但很有可能出现在流动的空气中。接近地面的那层空气被烤热后，自然会不断往上升，不会停留在地面上，但是，立刻又会有另一层空气来填补这个空位，新补上的空气也会很快被地面烤热，变成热空气。就这样交替往来，总有一层密度较小的空气层保持在地面附近——即使这一层空气不停地被替换，但也无碍于光线在其中的行进。

人们很早就了解了方才这种海市蜃楼景观。在现代的气象学上，这种景象被称为“下现蜃景”（还有一种称为“上现蜃景”，它是由上层稀薄的空气层反射形成的）。大部分人都认为，这种早为人知的海市蜃楼只会出现在气候炎热的南方沙漠，不会出现在北方。然而，事实上我们这里也经

常出现这种“海市蜃楼”。尤其是炎热的夏天，在柏油路上常能看到，因为这种颜色较深的路面更容易吸收太阳光的热量，受到日光的强烈炙热。由此一来，原本粗糙的马路看上去竟然十分光滑，仿佛淋过雨一般，远处的物体就能在其中映射出来。图115即为这种“海市蜃楼”的光线行进路线。只要多加留意，就能发现这种现象时常出现，并没有多么难得。

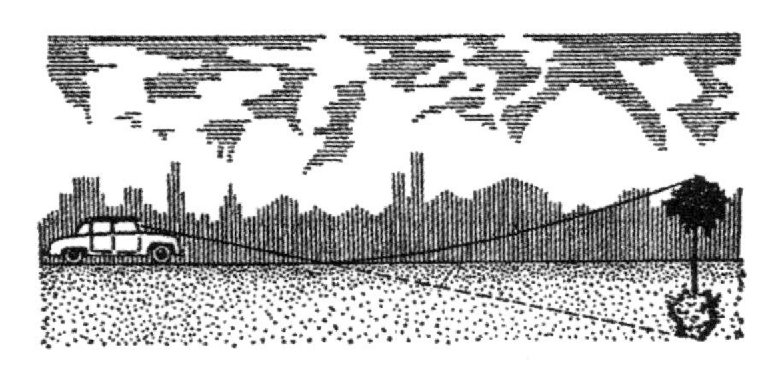

图115　柏油路上的“海市蜃楼”

还有一种叫作“侧现蜃景”，也就是侧面的海市蜃楼，一般人可能从来没想过还存在这样一种海市蜃楼现象。它实际上是竖直的墙壁在被烤热后发生的反射现象。有位作家曾经这样描述过这种现象：当他靠近一个炮台堡垒时，看见这个堡垒的混凝土墙壁突然像镜子一样亮了起来，将天空、地面以及周围的景物全都反射出来了。他又走了几步，发现另一面墙壁上也出现了同样的现象，好像原本粗糙的灰色墙壁突然被打磨得像光滑的镜面一般。这个谜团的真正答案并不复杂——只是因为那天的天气非常热，堡垒的墙壁被晒得炙热而已。来看图 116，*F* 和 *F′* 表示两面墙壁的位置，*A* 和 *A′* 则表示人的两次观察地点。现在我们就明白了，当墙壁被晒到一定的高温时，也可能出现海市蜃楼现象，而且我们还能用相机拍摄到这个画面。

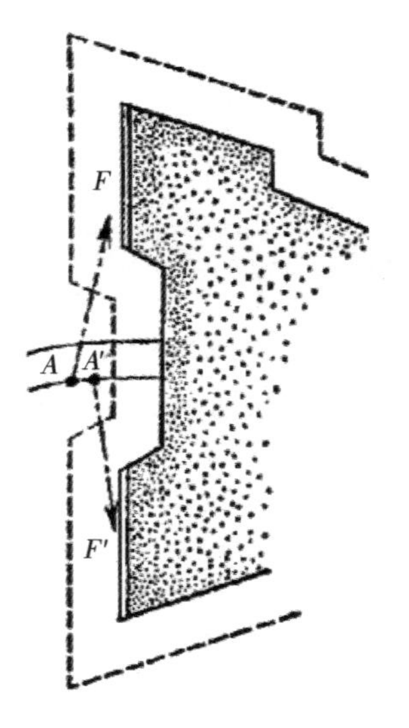

图 116　出现海市蜃楼的堡垒墙壁平面图：*A* 点的人看墙壁 *F* 像一面镜子，*A′* 点的人看墙壁 *F′* 也像一面镜子

图 117 中展示的是墙壁 *F* 的变化，从最初的粗糙不

平（左），到之后突然像镜子一样（拍摄于A点）亮了起来（右）。左边的图是一般的混凝土墙壁，自然无法产生反射现象，更不可能反映出两个人的影像。至于右边的那幅图，当然还是同一面墙壁，只不过大部分墙面都发挥出了镜面的作用，所以离得较近的那个人就会在墙面上反射出他的影像。不过，使光线发生反射的并不是这面墙壁，而是接近墙壁的那一层炙热的空气层。

图 117　墙壁的变化。从粗糙不平的灰色（左）变成光亮且可以反射（右）的墙壁

当炎热的酷暑来临时，你可以多去观察那些炙热的建筑物墙壁，留意一下有没有发生这种海市蜃楼。毋庸置疑，只要你多加留意，就一定会常常见到这种奇妙景象。

8.17 “绿光”

你一定曾在大海上观察过日落的壮观景象，而且，你一定也观察了整个过程——从太阳的上缘跟水平线持平直至完全在视线里消失。但是，如果那天天气晴好，天空万里无云，你是否注意到，太阳在发出最后一道光线的那一瞬间，出现了什么样的场景？这就难说了吧。在这里，我建议大家千万不要错过这样的观察机会。因为在那个瞬间，你的眼睛所看到的光线并不是红色的，而是一种艳丽的绿色，这种美妙的颜色，是任何一个画家都无法在调色板上调出来的。哪怕是伟大的大自然，也无法在任何地方比如植物或者浩瀚清澈的大海那儿描绘出这么美妙的色泽。

这是刊登在英国报纸上的一则短文，儒勒·凡尔纳所著的小说《绿光》里，那位年轻女主角对此表示出了极大的兴趣。为了亲眼看见这种绿光的神奇与美妙，这位女主角开始四处旅行，寻找绿光的踪影。小说家叙述道，这位苏格兰的年轻女旅行家并没有实现这个愿望，没能找到她的目的地一睹绿光的美景。然而，这种绿光的确存在。虽然对此的众多说法都带有传说的意味，但它本身并不是什么传说。对于真心热爱大自然的人来说，只要他足够耐心，就会寻找到这一

片美丽的景色，并且一定还会对它的美妙赞不绝口。

为什么会出现这种绿光呢？

我们回想一下透过三棱镜看物体时的情形，就能明白这个问题的答案了。你可以先进行一项实验：在你的眼前平放一块三棱镜，底面朝下，然后用它来观察一张钉在墙上的白纸。这时你会发现，这张白纸明显要比先前的位置提高了不少，而且白纸上面的那条边显现出紫色，下面的边却呈现出黄红色。之所以位置升高，是光线发生曲折的结果，而纸边的颜色则是由玻璃的色散作用造成的，因为玻璃对不同颜色的光线的折射率也各不相同。与其他颜色相比，紫色和蓝色的光线则要折射得更大，所以我们看到纸的上边呈现出紫蓝色；而折射得最差的是红色光线，所以纸的下边就呈现出红色。

对于颜色边的这个问题，我还要补充几句，以便于读者更好地理解以下的解释。经白纸反射的白色光线，被三棱镜分散成了光谱上的所有颜色，这就导致这张纸出现许多种不同的颜色，而这些有颜色的像又依据折射率的大小顺序排列起来，并且相互重叠。在每个颜色都重叠的那部分（即光谱所有颜色的总和），我们看到的是白色，而纸的上下边却显现出没有其他颜色叠加的单色。这个实验连著名诗人歌德也曾做过，不过他并没有真正明白其中的原理，而是写了一篇名为《论颜色的科学》的文章，借此推翻牛顿提出的颜色理

论。当然，这篇文章显然是在颠倒黑白。我想，读者们一定不至于走上歌德的老路，更不会荒谬地认为棱镜增加了物体的颜色——他们才不希望如此呢。

对我们的眼睛来说，地面的大气层就好像是一个巨大的三棱镜，而且底面也朝下。我们对落在地平线上的太阳的观察，就是透过空气这个三棱镜来完成的。正是因为这一点，我们才会看到太阳的上边缘呈现出蓝绿色，下边缘却显现出黄红色的景象。当太阳还处于地平线以上的位置时，太阳中央的光线太过耀眼，所以就压倒了边缘那些光度较弱的有颜色的光线，使我们根本无法看到这些颜色；然而，在日出或者日落之时，太阳最耀眼的部分都隐藏在地平线以下，所以上边缘的蓝色就清晰地呈现出来了。实际上，这个边缘的颜色是双重的，位于上面的是蓝色带，而下面是由蓝绿两种颜色混合而成的天蓝色光线。所以，如果地平线周围的大气非常洁净，又十分透明，我们也就可以看到“蓝光”——蓝色的边缘了。但是，大气通常会将这种蓝光散射出去，只留下一道“绿光”——绿色的边缘，这也就是我们所说的神奇的“绿光”。然而，通常地面周围的大气并不能达到完全洁净透明的程度，浑浊的空气会将蓝光和绿光都散射出去，我们也就观察不到带有颜色的边缘，太阳就好似一团红彤彤的火球，落到地平线以下了。

普尔柯夫天文台的天文学家季霍夫向我们说明了这一现象可能出现前的种种预兆。“如果日落之时的太阳有红颜色，肉眼望过去也不会感觉刺眼，那么就可以肯定，这种情况下绝不可能看见绿光。”原理十分明显：太阳显现出红色，就表明蓝绿光线已经被大气散射出去，也就是说，太阳上边缘的颜色已经全部散失在大气中了。天文学家接着说：“相反，如果日落之时的太阳保留了原有的黄白色，而且十分刺眼，这就极有可能看到绿光。不过，同时还必须具备一个条件：地平线与你的眼睛之间不能有任何阻碍物（附近不能有建筑物、森林等），也不能有什么不平的地方——你必须能够清楚地一眼望到地平线。相比之下，海洋上的环境最容易满足这个条件；因此，海员往往就会很熟悉这种绿光。”

由此可见，要想“邂逅”太阳的“绿光”，就必须在空气十分洁净、透明的情况下观察日出日落。在南方地区的国家，见到“绿光”的机会比较多，因为那里地平线上的空气要更加洁净。不过，在我们这儿，“绿光”也不像儒勒·凡尔纳所说的那样多难见到。只要你坚持不懈地去寻找，就一定能够亲眼看见这一美丽的现象。甚至曾经还有人用望远镜见到这一幕。对于绿光现象的观察，两位阿尔萨斯的天文学家做过以下记录：

……在光线完全消失的一分钟之前，我们还可以看见很大一部分太阳的轮廓，这个鲜明的、好似波浪般移动的太阳圆面，四周仿佛被镶上了一圈绿色的边。在太阳还没完全落下地平线时，肉眼是完全看不到这圈绿色镶边的。等到太阳完全消失在地平线上，我们才能看到它。如果用高倍望远镜（约一百倍）来观察，就能够清晰地看到这个画面：我们最迟也可以在日落前10分钟见到这绿色镶边；太阳圆面的上部围了一圈绿光，而圆面下部围了一圈红光。起初，这个绿色镶边很窄（视角也就只有几秒），随着太阳慢慢往下落，绿边就渐渐变宽，有时还能够增加到视角半分多。我们可以观察到，绿色镶边上有一些绿色的凸起部分，随着太阳的逐渐下落，这凸起部分仿佛在慢慢往上移动，就像沿着边缘逐渐升至最高点；有时甚至还会脱离绿色镶边，维持几秒钟的光亮，之后才会暗淡下去（图118）。

通常情况下，“绿光”只会持续一到两秒钟。不过，这个时间也可能在某些特殊情况下延长。比如，有人就曾看到这个“绿光”足足持续了5分钟之久：一个快步行走的人，看到太阳在遥远的山后渐渐往下落，与此同时，太阳圆面周围的绿色镶边好像也在沿着山坡缓缓滑落（图118）。

图 118　观察长时间延续的“绿光”：位于山后的观察者能在 5 分钟内一直看着“绿光”。右上角是从望远镜中看到的“绿光”。这里太阳的轮廓是不规则的。1 的位置上太阳光很刺眼，用肉眼无法观察到“绿光”；2 的位置上太阳圆面基本上都消失了，用肉眼就可以观察到“绿光”

在日出时观察“绿光”也是件十分有趣的事情。随着太阳的上缘从地平线上缓缓露出来，绿光就开始出现了。这个事实推翻了许多人对此的一种错误论断，他们向来将“绿光”视为人眼的错觉，认为只是日落前的太阳光对眼睛的刺激所造成的光学的错觉而已。

当然，不是只有太阳才可以发出“绿光”，其他天体也具有这种特性——曾有人观察到金星在下落时也出现过这种神奇的“绿光”现象。